AF303003

LA RÉVOLUTION SOCIÉTALE

GUIDE PRATIQUE

LA RÉVOLUTION SOCIÉTALE

GUIDE PRATIQUE

Dorsan Cogels

Édition : BoD – Books on Demand, info@bod.fr
Impression : BoD – Books on Demand,
In de Tarpen 42, Norderstedt (Allemagne)
Impression à la demande
ISBN : 978-2-3224-3777-1
Dépôt légal : Juin 2022

Table des matières

PRÉFACE

La *révolution sociétale* est un enjeu actuel majeur. À l'heure où tous les cadrans sont dans le rouge pour nous avertir qu'un changement de paradigme est la seule alternative pour pouvoir léguer un monde soutenable aux générations futures, cet ouvrage est un appel à la révolution des valeurs sur lesquelles se base notre société. Parce que la solution ne viendra pas d'en haut, chacun peut, et se doit, d'être un acteur du changement et militer activement et pacifiquement par ses choix et sa manière de vivre. Parce que le changement doit être vécu et que les solutions apportées se doivent d'être à la hauteur des enjeux auxquels fait face notre société, la mise en mouvement est ici encouragée en donnant de vraies solutions pratiques, des solutions qui permettent de se libérer de l'ancien système pour se mettre à construire le nouveau, en jouissant d'un bien vivre, d'un retour aux sources, à l'essentiel, au juste. La *révolution sociétale* est un changement de fond, de valeurs, de vision de la vie. Parce qu'il propose une analyse pragmatique ainsi que philosophico-spirituelle de la vie et de l'être humain, de son état naturel à son état en société, en plus d'un modèle de transition, de conseils et réflexions sur les aspects pratiques, cet ouvrage s'adresse à tous ceux qui sont ouverts et intéressés par le changement. Particulièrement si vous avez décidé de bouger, d'augmenter votre autonomie, votre résilience et votre qualité de vie en créant une communauté d'aventuriers révolutionnaires...

« Acheter une voiture électrique et manger bio ne suffira pas ! »

PRÉSENTATION

Qui suis-je pour me permettre de me proposer comme donneur de leçons à écrire un livre sur la révolution sociétale ? Il m'a été suggéré de me présenter afin que vous puissiez comprendre le cheminement qui m'a mené jusqu'ici. Ce n'est pas un exercice facile pour moi car je ne veux pas laisser une place trop importante à l'égo qui a ses propres objectifs et qui pourrait pervertir le sens de mes propos à vos yeux. Je me présente comme un militant révolutionnaire activiste et pacifique car je constate l'échec de notre société actuelle et ai décidé de vivre activement et pacifiquement le changement que j'aimerais voir s'opérer. Je suis quelque peu utopiste et anticonformiste par rapport au modèle que notre société nous propose, voir nous impose. Dès l'adolescence, je ne me suis jamais vu entrer dans le moule. Je ne voulais pas être un hamster dans sa roue qui se demande derrière quoi il court. Aller travailler pour quelque chose qui n'apporte pas vraiment de sens ne mérite pas, à mes yeux, d'y consacrer la majeure partie de sa vie en mettant tant d'autres choses, telle que la famille, de côté. Étant donné qu'il n'y avait, à priori, aucun métier qui m'apporterait un sens particulier et que j'aimais les sciences, j'ai opté pour des études d'ingénieur civil. Cela devait me donner l'opportunité d'avoir le choix plus tard de ce que je voudrais faire de ma vie et était socialement vu comme un signe de réussite dans mon entourage. Et comme j'étais passionné par l'aviation et tout ce qui vole, la mécanique des fluides était un chouette sujet d'étude. Mais la perspective de travailler pour une boîte aéronautique m'a refroidi lorsque j'ai dû simuler les premiers entretiens d'embauche avec ma cravate et ma serviette sous le bras lors de ma dernière année au salon annuel des entreprises de ma fac. Il me fallait quelque chose de plus passionnant et aventureux que des simulations informatiques à longueur de journée, cloîtré derrière un écran. J'ai donc décidé d'essayer de réaliser un rêve de gosse, celui d'être pilote de chasse. Ce qui a fonctionné. J'ai eu la chance de passer à travers les mailles de la longue sélection pour y parvenir et ai été pilote militaire pendant un peu plus de treize ans, évoluant au sein d'une escadrille opérationnelle sur F-16. Je suis passé d'élève pilote à simple ailier, jusqu'à finir instructeur tactique. Ce fut une période très excitante et palpitante avec beaucoup d'adrénaline, de l'aventure, des voyages, des images incroyables plein la tête et des relations sociales fraternelles au sein d'une équipe où on compte tous les uns sur les autres. Ça a aussi été un challenge par moment, familialement et personnellement, avec les missions opérationnelles. Avec tout cela, j'ai fini par ne pas me trouver à ma juste place dans la société. Même si j'étais relativement épanoui, je réalisais que ce qu'on faisait n'aiderait pas l'humanité à aller mieux et à évoluer. Même si l'armée nous sert des grandes valeurs pour justifier ses actes et ses interventions, il me semblait que ça n'était pas les *bonnes* valeurs. La guerre au nom de la démocratie reste une guerre, et soutenir le système actuel de cette manière a quitté mes convictions. Nous avons alors imaginé, mon épouse et moi, comment nous pouvions vraiment vivre le changement avec nos deux enfants. Nous avons eu l'envie de retrouver une liberté, une autonomie, une manière de vivre plus riche de sens. Le manque de résilience de notre système, qui a été démontré ces dernières années, nous a également convaincu qu'il fallait trouver rapidement des solutions pour notre futur et l'avenir de nos enfants. Ne pas les laisser avec la déception de n'avoir rien pu faire et d'avoir laissé la société détruire leur planète. Les éduquer pour qu'ils aient le choix plus tard et soient suffisamment critiques dans un monde où on formate et asservit les peuples. Nous avons donc décidé de quitter nos emplois respectifs et de déscolariser nos enfants de 7 et 9 ans pour partir en camping-car à travers l'Europe à la recherche d'une nouvelle manière de fonctionner. La première étape consiste à se déconnecter et profiter d'une aventure enrichissante en famille. La seconde étape consiste à explorer, apprendre, découvrir des lieux et des manières de faire pour s'inspirer, et dans la troisième étape s'installer. Il s'agit de se réinventer et de réinventer la société de demain. Ce qui est motivant est qu'il y a énormément de personnes qui ont déjà franchi le cap et ont décidé de vivre autrement, librement. Mon côté utopiste me donne envie d'atteindre cette autonomie au sein d'une communauté. Il m'a fallu alors imaginer cette société et répondre aux questions existentielles. Ce qui m'a été permis dans notre mésaventure. Immobilisé par une double fracture à la cheville pendant les préparatifs du grand départ, notre initiation s'est vue retardée de quatre mois. Voulant, initialement, aider des gens en recherche de projet et de la manière de procéder pour vivre autrement dans notre système sociétal, j'ai commencé à rédiger un guide pratique sur les étapes importantes du changement. Il en est finalement ressorti une réflexion plus profonde sur l'être humain, la société, la spiritualité et la métaphysique, car ce sont les éléments de base de notre interprétation de la vie et de nos convictions, nos croyances. C'est le fondement de notre bien-être, des relations humaines et finalement de la société. Voilà donc ce qui devrait permettre de changer de paradigme et d'aller de l'avant. Le partager dans ce livre est, pour moi, une manière de militer et de promouvoir le changement que nous croyons possible. Comme il y a de la marge entre la théorie et la pratique, j'espère pouvoir partager, dans un avenir proche, ce que nous aurons réussi à mettre en place... Vous aussi, lancez-vous !

QUOI, POURQUOI, OÙ, QUAND, COMMENT

Cet ouvrage est une dissertation sur le pourquoi du comment parvenir à faire une transition vers la société d'après. Celle que nous vivons va forcément prendre un ou des tournants majeurs dans un avenir qui nous semble de plus en plus proche au vu des difficultés auxquelles elle fait face.

Il est grand temps d'effectuer ce changement, non pas seulement parce que cela sera une obligation dans un avenir plus ou moins proche, mais également car nous, moi, ma famille, nos amis et connaissances, une partie croissante de nos contemporains et particulièrement la jeune génération, aspirons à une société plus juste, plus libre, plus fraternelle, plus résiliente et plus respectueuse. Respectueuse de nos frères et sœurs les êtres humains, des êtres vivants, de notre mère la Terre.

QUOI ?

Il s'agit donc d'une esquisse, d'un point de départ pour proposer des solutions de transition concrète de nos manières de vivre et de fonctionner. C'est la révolution sociétale en marche dans un activisme pacifique, ici et maintenant. Parce qu'un rêve ne devient réalité que lorsque nous le mettons dans nos actions. D'abord, il faut rêver, ensuite le laisser émerger, en parler, le partager, mais après il faut surtout le vivre. Traduire nos pensées et nos paroles en actions concrètes. Le rêve devient alors réalité.

Cet activisme est militantiste car, tel l'effet de propagation exponentiel d'une réaction en chaine, nos actions ont le pouvoir d'épandre notre message autour de nous et feront émerger de plus en plus d'actions de transition vers une société meilleure.

Finalement, c'est un militantisme pacifique car c'est un militantisme par l'exemple. Il met les solutions en avant et ces solutions sont positives et inspirées par l'amour. En effet, la société à laquelle nous aspirons pour demain est une société où les valeurs fondamentales sont des valeurs d'amour, l'amour de la vie, l'amour de son prochain. Il faut mettre fin au totalitarisme monétaire violent, égoïste et cruel.

Place à la révolution sociétale !

Oui mais quoi ? me direz-vous. Il s'agit d'établir des actions concrètes à pouvoir mettre en place à notre niveau : plus de liberté, plus d'autonomie, plus de résilience, plus de valeurs.

Le plan d'action n'est pas si compliqué :

- Diminuer l'emprise du capitalisme sur vous en diminuant votre endettement bancaire.
- Etablir un habitat accessible, écologique/responsable et qui agrade l'environnement.
- Obtenir une autonomie énergétique et recentraliser les productions localement.
- Obtenir une autonomie alimentaire et recentraliser les productions localement.
- Changer le système de valeurs primordiales.
- Réapprendre à consommer et se réapproprier les savoir-faire.
- Prendre et se donner le temps de bien vivre et de développer des projets qui font sens.
- Créer des communautés et utiliser la force du communautarisme pour l'entraide, l'échange de biens, de savoirs, de compétences.
- Mettre en réseau les communautés et les acteurs du changement et recréer une économie de valeurs.

Ce que je vais proposer en première partie est un modèle pour créer des communautés d'aventuriers de la transition, qui se veut réalisable avec des moyens budgétaires modestes, pour des personnes qui ne sont pas propriétaires, et réalisable ici en Belgique en particulier, mais applicable partout, sans avoir de compétence particulière, que ce soit en construction, en agriculture / permaculture ou en sciences appliquées. Il faut surtout faire le premier pas, mettre la main à la pâte et trouver des interlocuteurs pour parler de ce projet. La philosophie est celle du « DIY » ("Do It Yourself"), et l'aide dont on a besoin se rencontre en général naturellement le long du chemin. Ces démarches sont évidemment réalisables par d'autre moyens d'investissement si vous en avez la possibilité.

En deuxième partie, je vous emmènerai vers de plus larges réflexions sur la vie en société, l'être humain et sa conscience pour trouver un sens à ce que nous voulons créer après.

Je terminerai par quelques réflexions et conseils sur des aspects pratiques.

POURQUOI ?

Vous l'aurez compris, le changement ne viendra pas d'en haut. Ce sont les dirigeants, les méga-entreprises, les grands groupes de fonds d'investissements qui établissent les règles du jeu. Le système n'est pas fait pour la liberté individuelle ou l'émancipation, il assure l'ordre (hiérarchique) établi et vous enchaîne dans l'esclavagisme des temps modernes pour faire tourner frénétiquement la roue du capitalisme. C'est une course sans fin vers la croissance. De manière systémique, notre capitalisme est voué à l'échec tôt ou tard. Même si le système est maintenu artificiellement dans une position d'équilibre quelque peu instable afin d'éviter l'effondrement, à coups de grands tours de planches à billets, le système est basé sur une spéculation d'une création magique et spontanée de richesse. Cette spéculation oblige une croissance continue insoutenable, en matière de ressources aussi bien que moralement.

Quelques chiffres pour se faire une idée : Depuis 2011, la BCE (Banque Centrale Européenne) a imprimé près de 4000 milliards d'euros (cela représente plus d'un tiers du PIB de la zone euro) [1]. Si vous étiez

---

[1] https://www.challenges.fr/finance-et-marche/ou-sont-passes-les-4-000-milliards-d-euros-injectes-dans-l-economie-par-la-bce_520551

capable de compter à un rythme d'un incrément par seconde (ce qui devient difficile quand il faut dire « trois mille trois cent quarante-sept milliards, neuf cent quatre-vingt-huit millions, six cent cinquante-deux mille, trois cent quarante-neuf, … », par exemple), il vous faudrait 126 839 ans pour arriver à cette somme. La dette de la Belgique, à l'heure à laquelle j'écris ces lignes, dépasse les 485 milliards d'euros et augmente de 1000 euros environ toutes les deux secondes. Celle de la France dépasse les 2619 milliards d'euros et augmente d'environ 10 000 euros toutes les trois secondes [2]. La conséquence d'une croissance forcée est une utilisation toujours plus grande des ressources disponibles. En 1979, l'économie mondiale nécessitait l'entièreté des ressources renouvelables par la planète sur une année. À l'heure actuelle, l'économie mondiale consomme plus de 1.75 fois les ressources renouvelables par an [3]. Cela fait donc 43 ans que nous décimons ces ressources en creusant le déficit. Sans compter l'épuisement de ressources non-renouvelables, tels que les métaux précieux et semi-précieux, indispensables à notre économie et nos technologies actuelles. En 2020, l'UE publiait un rapport sur le bilan de matières premières critiques selon un critère de besoin et de disponibilité. 30 des 66 matières premières jugées indispensables à l'économie européenne se trouvent sous le seuil critique de disponibilité établi [4]. Entendez ce que cela veut dire, mettez cela en corrélation avec la flambée des prix et la pénurie des matières premières que l'on connait en 2022, et saupoudrez avec les tensions géopolitiques qui atteignent des niveaux inégalés depuis la guerre froide (que ce soit avec la Russie ou la Chine) plus la crise énergétique actuelle, et vous obtiendrez, il me semble, le tableau de notre situation actuelle.

Outre les matières premières et les ressources, parlons du ravage occasionné sur la biodiversité.

---

[2] https://www.compteur.net/compteur-dette-belgique/

[3] https://trustmyscience.com/bilan-ressources-terrestres-annuelles-depasse/

[4] https://www.diploweb.com/L-autonomie-strategique-europeenne-concerne-aussi-les-matieres-premieres-critiques-Quel-bilan-dix.html

Une espèce animale ou végétale disparait toutes les vingt minutes, soit 26 280 espèces disparues chaque année [5]. 50% des récifs coraliens disparus depuis 1970, 50% de forêts en moins depuis 1990, 87% des zones humides disparues depuis le 18ème siècle. Un quart des espèces d'oiseaux et de poissons, un tiers des mammifères marins et la moitié des mammifères terrestres risquent de disparaitre d'ici la fin de la décennie en l'état actuel des choses [6].

Que font les États alors ? Les objectifs définis par la COP21 n'ont pas été respectés par la Belgique et les objectifs de la COP26 ont fait un débat houleux, ne cachant même plus l'inaction des États qui se livrent à une mascarade politique sur leurs ambitions climatiques (l'objectif belge de réduction des émissions de CO2 de 55% semble utopique si on voit que de 1990 à 2019, une réduction de 29 millions de tonnes de CO2 a été réalisée alors qu'il faut encore réduire ces émissions de 39 millions de tonnes entre 2019 et 2030).

Ce n'est pas faute de manifester dans les rues pour le climat, à Bruxelles, à Stockholm, à Paris, à Glasgow ou aux States. Les premières marches pour le climat aux Etats-Unis ont eu lieu dans les années 1970. Résultat après 50 ans à tirer la sonnette d'alarme, l'immobilisme... volontaire.

Ces constats, vous les connaissiez sûrement déjà. Ce n'est pas pour faire le pessimiste ou plomber l'ambiance, mais quelques chiffres comme ceux-là, ça remet à la masse.

Le changement ne viendra pas d'en haut. C'est à nous de le faire, ici, maintenant. Plus besoin de répondre à la question du QUAND ?

---

[5] https://www.planetoscope.com/biodiversite/126-.html
[6] https://www.la-croix.com/Sciences-et-ethique/Environnement/INFOGRAPHIE-Tous-chiffres-biodiversite-2019-05-06-1201019969

Vous me direz peut-être alors, à quoi bon ? Que puis-je y faire, ça ne changera quand même rien ? Je ne pense pas ! L'effet de masse forcera les choses. Le changement que vous inculquerez se répercutera en chaine vers d'autres personnes jusqu'à ce qu'une masse critique de la population milite activement pour la révolution sociétale. Alors, le point de bascule sera atteint et des changements majeurs suivront. L'histoire a montré que dans un groupe d'individus, seulement 20 à 25% de ceux-ci sont nécessaires à provoquer un basculement. La deuxième solution du changement sera un changement sans doute plus brutal et dicté par une crise profonde et violente. Mais nous n'avons aucun pouvoir sur cette issue-là. Alors que nous avons le pouvoir de choisir maintenant notre manière de fonctionner et que nous disposons d'un outil très puissant dans un monde dicté par l'offre et la demande : le **boycott**.

Et puis il va sans dire qu'on le fait pour nous, pour retrouver une vie plus riche de sens, de valeurs et de bien-être.

OÙ ?

Les modèles et réflexions de société et de communautés que je propose sont universels et applicables partout.

Mon but est, cependant, de donner des réponses à notre situation, en Belgique, en 2022, en fonction de sa situation juridique pour ce qui est de l'habitat, tout du moins. Bien sûr, il peut se faire à bien des endroits plus « sexy » et ensoleillés, mais il faut être capable d'effectuer le changement ici si on veut faire évoluer les choses sans devoir tous déserter notre terre natale. Il est, de plus, à noter que le belge est, en général, fort sympathique et apprécié pour son entrain et sa bonne humeur :)

Le véritable challenge de la Belgique n'est, d'après moi, pas le climat, mais bien l'accessibilité à la terre. Ça sera donc un point clé dans la recherche de solutions et j'espère, par la présente, pouvoir réunir propriétaires et aventuriers autour d'une vision et d'une méthode (une parmi tant d'autres).

COMMENT ?

Voici la vraie question.

Par la révolution sociétale, l'obtention de sa liberté en se détachant des emprises du système et la création de communautés pour vivre mieux, tout en essaimant les idées du changement.

Entrons dans le vif du sujet.

LA REVOLUTION SOCIÉTALE

<u>Etape 1</u>, en marche vers la révolution sociétale ! Mais quelle est-elle ?

La révolution sociétale est un changement de notre manière de fonctionner. **C'est un profond changement de valeurs** : boycotter l'argent comme valeur principale, dictant toutes les décisions et l'organisation de nos vies, et transitionner vers des valeurs d'amour, des valeurs humanistes. Il s'agit de redonner du sens à la vie en se reconnectant à notre nature profonde et aux autres. Notre société manque actuellement de spiritualité pour se donner un sens profond, une nécessité pour tendre vers le bien-être et une plus grande harmonie. Quand je dis spiritualité, n'y voyez pas de religion, je veux parler de compréhension et croyances profondes sur ce qu'est la vie. Appréhender la métaphysique de notre univers, ce qu'est la conscience, comprendre quel peut être notre rôle et se donner des buts dans notre évolution. Parce qu'il s'agit, selon moi, d'une nécessité, je vous invite dans une digression spirituelle et métaphysique un peu plus loin dans cet ouvrage.

L'histoire de notre société ne nous a malheureusement pas aidé. Cela a commencé avec la religion qui a été instrumentalisée comme moyen de pouvoir et de contrôle, se vidant de son sens spirituel initial et racontant une histoire en décalage avec le nouveau dogme de la science. Ensuite, la science nous a fait croire que nous pouvions tout déterminer, comprendre et contrôler. Elle nous a séparé de notre croyance d'appartenance à un tout, elle nous a individualisé. Pour empirer le processus, la technologie qui devait être au service des hommes, a été manipulée par notre système monétariste de telle sorte que l'homme est utilisé comme moyen économique. (Simple exemple, 99% de la technologie dans votre téléphone sert à accaparer votre temps de cerveau pour le vendre !). Nous avons alors été de plus en plus isolés les uns des autres (de manière contradictoire) et séparés de notre origine, la Terre. Voilà, d'après moi, l'origine du problème. Il faut opérer ce changement de valeurs, telle est la révolution.

Facile à dire, mais comment faire ? allez-vous me dire. Ce n'est pas compliqué. Le changement commence par vous-même. On ne peut pas changer les autres, seulement leur proposer de le faire car le changement vient de soi, de l'intérieur. Il faut, avec conviction et courage, progresser vers des valeurs qui vous semblent profondément justes. Certaines sont facilement partagées par tout un chacun, mais d'autres seront plus subjectives. La magie de la vie et de la conscience nous a donné quelque chose de fondamental, le libre arbitre. Choisissez alors en votre âme et conscience, au plus profond de vous-même, et ne condamnez pas ceux qui ne partagent pas vos opinions, car la conscience est subjective par nature et qu'il faut de tout pour faire un monde. Alors vous serez en route pour construire une société sur de vraies valeurs, pas uniquement sur l'argent.

Facile à dire, allez-vous encore me répéter, car dans notre société on n'a rien sans rien, et qu'il faut bien de l'argent pour vivre. *C'est pas faux*. Si si, j'ai bien compris, mais l'argent ne doit être qu'un outil. Il faut donc s'en détacher comme but en soi et en faire un instrument au service de ce que l'on veut créer. Il faut également se libérer de l'endettement bancaire le plus possible pour retrouver une liberté d'action. Cet endettement est la technique moderne pour vous enchaîner, avec votre consentement, à la course frénétique de la croissance économique. La seule et meilleure manière d'arriver à une autonomie juste (celle qui permet de ne pas détruire notre planète et ses habitants) est la diminution de nos besoins, énergétiques comme monétaires. Vous devez vous détacher de la croyance que le bonheur est matériel et boycotter le consumérisme insensé. Profiter et jouir d'une sobriété volontaire en se rapprochant de l'essentiel. C'est pour cela que je propose la formation de communautés, des êtres humains connectés qui partagent et qui s'aiment, dans un habitat abordable, proche de l'essentiel, notre mère la Terre, et capables d'échanger sans être contraint de rentrer dans une logique monétariste et égoïste. Ça sera le sujet du prochain chapitre.

Il est plus facile de redéfinir le système en partant d'une page blanche afin de ne pas tomber dans le piège de raccommoder ou d'accommoder des vieux processus qui ne fonctionnent pas. Ces communautés seront les semences pour la transition du reste du système.

Mais ça ne veut toutefois pas dire qu'il n'y a pas de solution pour vous si vous êtes déjà installé avec un emprunt bancaire. Vous pouvez avoir votre rôle dans la révolution sociétale. Parce que vous pouvez peut-être partager du terrain ou vous avez le pouvoir d'effectuer le changement de valeur et boycotter les systèmes nocifs. Vous pouvez également diminuer vos besoins monétaires par sobriété volontaire, et mettre en place des solutions pour obtenir un maximum d'autonomie, énergétique, en eau, éventuellement alimentaire, et vous assurer de la résilience. Faites en sorte de faire fonctionner une économie locale avec des acteurs qui œuvrent pour le mieux. Vous pouvez utiliser votre argent comme un bulletin de vote et l'utiliser où cela vous semble juste plutôt que de le donner à des systèmes nocifs. Vous pouvez vous mettre en réseau, participer à des collectifs et coopératives. Ou même vous défaire de votre emprunt et chercher une autre solution si vous le souhaitez. Car sinon la démarche sera peut-être plus ardue pour vous que pour quelqu'un qui (re)part d'une page blanche ; hélas, le système est bien fait pour rapidement vous ré-aspirer dans ses méandres.

Il ne semble toutefois pas réaliste de déserter toutes les villes non plus. Les solutions doivent être multiples, mais pour les villes, il faudra l'intervention de l'état pour promouvoir toutes les solutions durables, justes et équitables. Ça sera donc dans un second temps, quand le changement de mentalité aura déjà fait son chemin. Cela n'empêche pas les citadins d'effectuer leur changement de valeurs et d'exercer leurs boycotts.

La deuxième croyance dont vous devez vous détacher est la peur de l'insécurité et du manque. La société actuelle nous y imprègne profondément. Et nous avons tendance à vivre dans la peur. Nous avons peur de mourir, nous avons peur de ne pas être aimés, de ne pas être acceptés si nous ne nous conformons pas à la majorité, de ne pas être capables de subvenir à nos besoins, d'avoir un toit, une retraite. Cela fait partie de l'enchaînement qui emprisonne et empêche de changer. Or, la réalité nous rappelle que la mort fait partie de la vie, que nous sommes tous unis, faisant partie d'un tout, frères et sœurs, et que l'amour n'est pas une denrée qui peut être épuisée, l'amour se crée en donnant de l'amour. Que cet amour et le partage, avec toutes les ressources que la nature a prévues pour nous, nous prémunissent contre le manque et l'insécurité. Les besoins primaires de l'être humain sont assez simples : nous avons besoin de nous nourrir, d'avoir un toit et de quoi se protéger, de partager de l'amour, d'obtenir de la reconnaissance, et, pour finir, d'être libre de s'épanouir. Point. Tout le reste n'est que bonus. L'argent apporte une sécurité matérielle tant que notre économie tourne (ce qui pourrait ne pas durer éternellement) mais rien d'autre. Par le partage et l'amour, une famille, une tribu, une communauté, peut offrir la sécurité et couvrir une bonne part de nos besoins.

LE BOYCOTT ET LES ACTIONS À METTRE EN PLACE

Comment utiliser le boycott ? En devenant des consommateurs responsables. En réapprenant à utiliser des produits de base et à les transformer. En réapprenant à fabriquer, à produire, à réparer... La seule difficulté réside dans la déprogrammation de vieilles habitudes et de conditionnements.

- Pratiquez la sobriété volontaire. Diminuez votre dépendance et vos besoins monétaires.

- Prenez l'habitude de réfléchir avant d'acheter. En ai-je vraiment besoin, qu'est-ce que cet objet va m'apporter ? Comment cela a-t-il été fabriqué ? Dans quelles conditions ? A quel prix humain, environnemental ? Quel sera la "fin de vie" de cet objet ? L'emballage n'est-il pas disproportionné ? Il est capital de se rééduquer et de changer ses habitudes de consommateur qui sont fortement ancrées et manipulées par le matraquage publicitaire, subliminal ou non. A chaque fois que vous achetez un produit fabriqué dans des conditions humaines et environnementales désastreuses, vous sponsorisez l'entreprise qui a de telles pratiques et vous leur donnez légitimité.

- « Et dire qu'il suffirait que les gens arrêtent d'en acheter pour que ça ne se vende plus » [7]. Dans un monde capitaliste, le plus grand levier que nous ayons est le mécanisme de l'offre et la demande. Supprimer la demande et l'offre disparait.

- Informez-vous, boycottez les nombreuses marques qui n'ont aucune éthique et favorisez celles qui en ont. Ces informations sont généralement bien documentées sur le web, comme sur la plateforme I-boycott [8].

- Boycottez la grande distribution en favorisant les commerces locaux, les coopératives, les circuits courts, les magasins à la ferme.

- Boycottez l'industrie agroalimentaire en évitant les produits préparés et prenez le temps de cuisiner et de bien manger.

- Consommez un maximum de produits locaux et de saison. Découvrez les alternatives fait-maison.

- Réduisez votre consommation de viande dont la production demande l'utilisation d'une grande quantité de ressources et est fortement polluante. Votre santé n'en sera que meilleure et le bien-être animal amélioré. Des valeurs de respect et d'empathie devraient nous amener à sincèrement (re)considérer l'éthique animale dans notre manière de consommer.

- Apprenez à cuisiner végétarien ou même végan de temps en temps. Apprenez à redécouvrir des saveurs, à jouer avec les

---

[7] Coluche
[8] https://i-boycott.org/

textures, à trouver le plaisir de manger sainement. Détachez-vous du trio traditionnel viande-féculent-légume pour découvrir une autre manière de cuisiner.

- Faites poussez au moins quelques légumes, plantes aromatiques chez vous ou en collectif. Jardiner, c'est un acte de résistance fort, tant au niveau du symbole que de l'impact économique. Vous pouvez même vous réapproprier des espaces publics, en y organisant la culture de comestibles (parcs, forêts, et même en plein cœur des villes).

- Réappropriez-vous les vertus des plantes (sauvages ou non).

- Trouvez des alternatives médicales avec les médecines douces. Evitez de prendre l'habitude de combattre des symptômes par des produits pharmaceutiques qui ne résolvent en rien la source de vos soucis, et ont généralement des effets secondaires indésirables. Ayez une approche holistique de votre corps et de votre esprit, et dites-vous bien que l'alimentation est la première des médecines. Diminuez votre stress et la consommation de sucres raffinés.

- Fabriquez vous-mêmes vos produits d'entretien et d'hygiène. Faites-le pour votre corps et pour la planète. Tout ce qu'il faut pour apprendre à les réaliser soi-même est en open-source sur internet. C'est très accessible, très économique et valorisant.

- Apprenez et prenez le temps de réparer. Dans un repair-café ou à la maison avec un tutoriel sur internet. Voilà une belle utilisation de la technologie. Découvrez ou montez des ateliers partagés. Luttez contre l'obsolescence programmée.

- Offrez une deuxième vie aux objets. Recycler, partagez, donnez, échangez.

- Réappropriez-vous le savoir-faire et les Low-tech [9] pour augmenter votre autonomie tout en étoffant vos compétences. Tournez-vous vers les solutions DIY.

____

[9] https://wiki.lowtechlab.org/wiki/Accueil

- Libérez-vous du temps pour vivre ces valeurs et développer des projets qui ont du sens pour vous. Prenez un part-temps et diminuez vos besoins financiers ou prenez un congé sabbatique.

- Sensibilisez votre entourage à ces questions, c'est capital. L'effet domino, les réactions en chaines. Mais vous le ferez déjà naturellement en pratiquant. Ensuite viendront les discussions et les échanges d'opinions. Montrez aux gens que ce n'est pas difficile et offrez-leur votre savoir et vos savoir-faire. Il n'est même pas nécessaire de convaincre quelqu'un qui ne serait pas d'accord sur un point. Le simple fait d'avoir implanté le germe de cette idée dans son esprit fera le chemin qu'il doit faire pour qu'un jour il choisisse en conscience la voie qui lui est juste.

- Mais surtout, changez le système de valeur ! Ne permettez plus que des choix de valeurs soient dictés par l'argent. Adoptez et partagez le nouveau système de valeurs primordiales présenté ci-après.

Voici un bon point de départ pour que la révolution s'opère. La liste n'est évidemment que le début d'une multitude d'actions à mener. Mais c'est l'initiation de votre révolution personnelle. La résolution de reprendre votre liberté en main, de changer votre vie et d'y mettre le sens qui vous inspire au plus profond de votre être. Ne soyez plus un esclave du capitalisme des temps modernes à courir comme un hamster dans la petite roue de sa petite cage.

Soyez indulgent avec vous-même et votre entourage. En fonction de votre cheminement, la liste peut vous paraître déjà longue, mais le chemin commence par un premier pas. Un pied devant l'autre, pas à pas. Il ne faut pas que cela devienne une telle contrainte pour vous que vous ne puissiez plus avancer. Nous ne sommes pas des super-héros, il faut se respecter. Il faut juste garder le courage de ses convictions et faire de son mieux. Ne devenez pas extrémiste dans un domaine ou l'autre. L'extrémisme nuit en tout, c'est une manifestation de haine, pas d'amour. N'imposez pas votre rigueur à votre entourage ou votre famille au risque de créer de la frustration ou des conflits, contentez-vous de militer par votre exemple et vos idées.

Peut-être tout cela ne vous semblera pas suffisant, il est alors temps de vous lancer comme aventurier de la révolution sociétale en rejoignant ou créant une communauté !

LE SYSTÈME DE VALEURS PRIMORDIALES

Un système de valeurs primordiales constitue le socle sur lequel se fonde la société / communauté.

Voici ce que me semblent devoir être ces valeurs, en remplacement des valeurs monétaires actuelles :

> - Le libre arbitre, la liberté de croire, de penser, de s'exprimer.
> - Le droit à l'épanouissement et la recherche de celui-ci.
> - Le respect de l'épanouissement d'autrui.
> - Le respect de l'intérêt commun.
> - Le partage et la charité.
> - Être juste envers chacun.
> - L'honnêteté, le respect, la franchise, la sincérité.
> - Avoir une écoute attentive.
> - Cultiver l'amour et bannir la haine.

Le libre arbitre, la liberté de croire, de penser, de s'exprimer.

Le libre abrite, la liberté de croire, penser et s'exprimer sont en lien avec notre droit naturel d'Être. On peut y assimiler les droits de l'homme adoptés en 1948 par l'ONU [10], les premiers articles tout au moins. Voici ceux qui me paraissent fondamentaux :

> Article 1

Tous les êtres humains naissent libres et égaux en dignité et en droits. Ils sont doués de raison et de conscience et doivent agir les uns envers les autres dans un esprit de fraternité.

> Article 2

---

[10] https://www.un.org/fr/universal-declaration-human-rights/index.html

1. Chacun peut se prévaloir de tous les droits et de toutes les libertés proclamées dans la présente Déclaration, sans distinction aucune, notamment de race, de couleur, de sexe, de langue, de religion, d'opinion politique ou de toute autre opinion, d'origine nationale ou sociale, de fortune, de naissance ou de toute autre situation.

2. De plus, il ne sera fait aucune distinction fondée sur le statut politique, juridique ou international du pays ou du territoire dont une personne est ressortissante, que ce pays ou territoire soit indépendant, sous tutelle, non autonome ou soumis à une limitation quelconque de souveraineté.

➢ Article 3

Tout individu a droit à la vie, à la liberté et à la sûreté de sa personne.

➢ Article 4

Nul ne sera tenu en esclavage ni en servitude ; l'esclavage et la traite des esclaves sont interdits sous toutes leurs formes.

➢ Article 5

Nul ne sera soumis à la torture, ni à des peines ou traitements cruels, inhumains ou dégradants.

➢ [...]

A partir de l'article 6, il y a des notions de loi et de droit qui sont, pour moi, un autre sujet que les valeurs primordiales. Il s'agit d'un jeu d'autorité et de contrôle qui a été trop perverti par notre système actuel que pour faire partie du fondement de la société.

Le droit à l'épanouissement et la recherche de celui-ci.

Le droit et la recherche d'épanouissement impliquent d'une part le droit naturel prémentionné, et, d'autre part, le fait qu'un individu doit s'appliquer, comme mission de vie, à parvenir à un épanouissement, dans le sens d'évolution de son Être. Car je pense que toute âme qui cherche l'évolution s'attardera naturellement à respecter ces valeurs primordiales.

Le respect de l'épanouissement d'autrui et de l'intérêt commun apporte la notion de collectivité. De l'Être personnifié et de ses droits, nous passons à la relation entre les Êtres. Car, si un Être est libre, sa liberté s'arrête là où la liberté d'un autre commence. La notion de liberté devient dans ce cas subjective. La subjectivité est la nature même de notre conscience incarnée, individualisée, car le filtre de perceptions est quelque chose d'intérieur, de personnel. Le respect d'autrui est l'acceptation que nous sommes tous égaux par nature, que nous avons la même origine et que nous sommes une parcelle d'un grand tout unifié. C'est la notion de fraternité métaphysique, la conscience étant un fragment du prisme de la conscience universelle, une interprétation d'un tout. Mais je suis déjà en train de parler spiritualité, j'y reviendrai plus tard. Le respect c'est finalement de l'empathie, s'identifier à l'autre et mesurer les sentiments qu'on éprouverait dans sa situation.

Le respect de l'intérêt commun, lui, est une notion collective encore un peu plus large. C'est le respect de ce qui profite à la majorité, même si cela ne nous profite pas forcément. C'est une position d'humilité et d'altruisme face au groupe que l'on reconnait et auquel on fait partie.

Le partage et la charité, c'est l'amour de son prochain. Parce que, pour pouvoir s'aimer, il faut pouvoir aimer les autres, et aimer les autres, c'est s'aimer soi. L'opposé de l'amour, c'est la peur. Si je vous avais demandé ce qu'était l'opposé de l'amour, vous m'auriez peut-être répondu la haine. Mais la haine est la peur de ne pas être aimé. Le partage, c'est de l'amour pur, le détachement de la peur du manque et l'amour d'une part de vous, car l'autre est comme vous, une part du tout. Et le détachement de la peur du manque est une des clés essentielles pour pouvoir se détacher de la société monétaire et permettre le passage à une société humaniste plus juste. Finalement, la charité, c'est du partage sans rien attendre en retour. C'est un don pur. C'est s'occuper de son prochain avec l'amour qu'on peut avoir pour son enfant ou ses parents. Lorsque vous savez qu'il y aura toujours quelqu'un pour vous accueillir et vous tendre la main le long du chemin, il n'y a plus à craindre de manquer, ou d'obligation d'accumuler à outrance.

Être juste envers chacun.

Être juste envers chacun. La notion de juste peut prêter à confusion. Le juste doit être défini par la raison, c'est-à-dire par un raisonnement empathique tel que « ne fais pas à autrui ce que tu ne souhaites pas que l'on te fasse », ou mieux : « fais à autrui ce que tu aimerais que l'on te fasse ». Voici ce à quoi devrait ressembler la base de la justice. Ne mésinterprétez pas mes propos, l'application d'une justice est un sujet différent et fait partie du choix du système de gouvernance que j'aborderai plus loin.

L'honnêteté, le respect, la franchise, la sincérité.

L'honnêteté, le respect, la franchise, la sincérité, sont les valeurs primordiales dans les relations humaines. C'est une éthique de vie que chacun doit être d'accord d'adopter.

❖

Avoir une écoute attentive.

Avoir une écoute attentive est également un aspect fondamental dans les relations humaines. Toute communication requiert d'ouvrir son esprit au point de vue de son interlocuteur. Ensemble avec l'honnêteté, le respect, la franchise et la sincérité, ce sont les outils essentiels pour une communication non violente et constructive, ce qui permet l'échange d'opinions et l'élaboration de consensus.

Cultiver l'amour et bannir la haine doit être la base de toute réflexion vers ce qui est juste et bon. C'est la réponse à tout principe n'étant pas couvert pas les autres valeurs primordiales.

Ces valeurs sont profondément humanistes, mais il ne faut pas se cantonner à l'être humain qui fait partie de l'équilibre d'un grand tout créé par notre Terre Mère. Pour vivre en harmonie, l'être humain doit reconnaître les droits de la Terre Mère au même titre que les droits humains, et la traiter avec le plus profond respect. La Terre Mère représente l'entièreté du monde animal, végétal et minéral, et dont l'être humain fait partie. Ainsi, en 2010, à l'initiative des peuples amérindiens, la Conférence mondiale des peuples contre le changement climatique rédigeait **la Déclaration universelle des droits de la Terre Mère :**

LA DÉCLARATION UNIVERSELLE DES DROITS DE LA TERRE MÈRE

PRÉAMBULE

NOUS, PEUPLES ET NATIONS DE LA TERRE :

- Considérant que nous faisons tous partie de la Terre Mère, communauté de vie indivisible composée d'êtres interdépendants et intimement liés entre eux par un destin commun ;

- Reconnaissant avec gratitude que la Terre Mère est source de vie, de subsistance, d'enseignement et qu'elle nous prodigue tout ce dont nous avons besoin pour bien vivre ;
- Reconnaissant que le système capitaliste ainsi que toutes les formes de déprédation, d'exploitation, d'utilisation abusive et de pollution ont causé d'importantes destructions, dégradations et perturbations de la Terre Mère qui mettent en danger la vie telle que nous la connaissons aujourd'hui par des phénomènes tels que le changement climatique ;
- Convaincus que, dans une communauté de vie impliquant des relations d'interdépendance, il est impossible de reconnaître des droits aux seuls êtres humains sans provoquer de déséquilibre au sein de la Terre Mère ;
- Affirmant que pour garantir les droits humains il est nécessaire de reconnaître et de défendre les droits de la Terre Mère et de tous les êtres vivants qui la composent et qu'il existe des cultures, des pratiques et des lois qui reconnaissent et défendent ces droits ;
- Conscients qu'il est urgent d'entreprendre une action collective décisive pour transformer les structures et les systèmes qui sont à l'origine du changement climatique et qui font peser d'autres menaces sur la Terre Mère ;
- Proclamons la présente Déclaration universelle des droits de la Terre Mère et appelons l'Assemblée générale des Nations Unies à l'adopter comme objectif commun de tous les peuples et nations du monde, afin que chaque personne et chaque institution assume la responsabilité de promouvoir, par l'enseignement, l'éducation et l'éveil des consciences, le respect des droits reconnus dans la Déclaration, et à faire en sorte, par des mesures et des dispositions diligentes et progressives d'ampleur nationale et internationale, qu'ils soient universellement et effectivement reconnus et appliqués par tous les peuples et États du monde.

ARTICLE 1er : La Terre Mère

1. La Terre Mère est un être vivant.
2. La Terre Mère est une communauté unique, indivisible et autorégulée d'êtres intimement liés entre eux, qui nourrit, contient et renouvelle tous les êtres.
3. Chaque être est défini par ses relations comme élément constitutif de la Terre Mère.
4. Les droits intrinsèques de la Terre Mère sont inaliénables puisqu'ils découlent de la même source que l'existence même.
5. La Terre Mère et tous les êtres possèdent tous les droits intrinsèques reconnus dans la présente Déclaration, sans aucune distinction entre êtres biologiques et non biologiques ni aucune distinction fondée sur l'espèce, l'origine, l'utilité pour les êtres humains ou toute autre caractéristique.
6. Tout comme les êtres humains jouissent de droits humains, tous les autres êtres ont des droits propres à leur espèce ou à leur type et adaptés au rôle et à la fonction qu'ils exercent au sein des communautés dans lesquelles ils existent.
7. Les droits de chaque être sont limités par ceux des autres êtres, et tout conflit entre leurs droits respectifs doit être résolu d'une façon qui préserve l'intégrité, l'équilibre et la santé de la Terre Mère.

Article 2 : Les Droits Inhérents de la Terre Mère

1. La Terre Mère et tous les êtres qui la composent possèdent les droits intrinsèques suivants :
   - Le droit de vivre et d'exister ;
   - Le droit au respect ;
   - Le droit à la régénération de leur biocapacité et à la continuité de leurs cycles et processus vitaux, sans perturbations d'origine humaine ;
   - Le droit de conserver leur identité et leur intégrité comme êtres distincts, autorégulés et intimement liés entre eux ;
   - Le droit à l'eau comme source de vie ;

- Le droit à l'air pur ;
- Le droit à la pleine santé ;
- Le droit d'être exempts de contamination, de pollution et de déchets toxiques ou radioactifs ;
- Le droit de ne pas être génétiquement modifiés ou transformés d'une façon qui nuise à leur intégrité ou à leur fonctionnement vital et sain ;
- Le droit à une entière et prompte réparation en cas de violation des droits reconnus dans la présente Déclaration résultant d'activités humaines.

2. Chaque être a le droit d'occuper une place et de jouer son rôle au sein de la Terre Mère pour qu'elle fonctionne harmonieusement.

3. Tous les êtres ont droit au bien-être et de ne pas être victimes de tortures ou de traitements cruels infligés par des êtres humains.

Article 3 : Obligations des êtres humains envers la Terre Mère

1. Tout être humain se doit de respecter la Terre Mère et de vivre en harmonie avec elle.

2. Les êtres humains, tous les États et toutes les institutions publiques et privées ont le devoir :
   - D'agir en accord avec les droits et obligations reconnus dans la présente Déclaration ;
   - De reconnaître et de promouvoir la pleine et entière application des droits et obligations énoncés dans la présente Déclaration ;
   - De promouvoir et de participer à l'apprentissage, l'analyse et l'interprétation des moyens de vivre en harmonie avec la Terre Mère ainsi qu'à la communication à leur sujet, conformément à la présente Déclaration ;
   - De veiller à ce que la recherche du bien-être de l'homme contribue au bien-être de la Terre Mère, aujourd'hui et à l'avenir ;

-   D'établir et d'appliquer des normes et des lois efficaces pour la
    défense, la protection et la préservation des droits de la Terre
    Mère ;
-   De respecter, protéger et préserver les cycles, processus et
    équilibres écologiques vitaux de la Terre Mère et, au besoin, de
    restaurer leur intégrité ;
-   De garantir la réparation des dommages résultant de
    violations par l'homme des droits intrinsèques reconnus dans
    la présente Déclaration et que les responsables soient tenus de
    restaurer l'intégrité et la santé de la Terre Mère ;
-   D'investir les êtres humains et les institutions du pouvoir de
    défendre les droits de la Terre Mère et de tous les êtres ;
-   De mettre en place des mesures de précaution et de restriction
    pour éviter que les activités humaines n'entraînent l'extinction
    d'espèces, la destruction d'écosystèmes ou la perturbation de
    cycles écologiques ;
-   De garantir la paix et d'éliminer les armes nucléaires,
    chimiques et biologiques ;
-   De promouvoir et d'encourager les pratiques respectueuses de
    la Terre Mère et de tous les êtres, en accord avec leurs propres
    cultures, traditions et coutumes ;
-   De promouvoir des systèmes économiques qui soient en
    harmonie avec la Terre Mère et conformes aux droits reconnus
    dans la présente Déclaration.

Article 4 : Définitions

Le terme "être" comprend les écosystèmes, les communautés
naturelles, les espèces et toutes les autres entités naturelles qui font
partie de la Terre Mère.

Rien dans cette Déclaration ne limite la reconnaissance d'autres droits
intrinsèques de tous les êtres ou d'êtres particuliers.

Si les droits énumérés vous parlent, vous pouvez télécharger une affiche de ces droits et la diffuser :

https://desobeissancefertile.com/diffuser-ddtm/

UNE VISION COMMUNE

Afin de répondre aux enjeux de la révolution sociétale, la création de communautés qui cultivent et partagent ces valeurs dans l'entraide et la fraternité est la méthode qui me semble, à l'heure actuelle, la plus adaptée. Bien que, comme nous l'avons vu, le champ d'action est assez large, vivre pleinement ces idées demande une implication profonde et un changement brutal de fonctionnement. Il faut donc repartir à zéro. Trouver un habitat qui n'implique pas l'enchainement bancaire, donc également un lieu pour s'implanter, créer une communauté pour augmenter notre autonomie, notre résilience et vivre dans une environnement social épanouissant, puis mettre les communautés en réseau pour recréer une économie de valeur.

La dure réalité veut que la plupart des expériences communautaires se soldent, statistiquement, par des échecs. Une des raisons principales est le manque de cette vision commune, de ligne rouge ou d'objectifs communs.

Voici donc la vision commune de base que je propose pour l'initiation de toute communauté : Le but est d'installer son habitat de manière éco-responsable, en s'intégrant dans l'environnement tout en agradant celui-ci (en y augmentant la biodiversité). L'habitat se veut donc écologique, avec des matériaux naturels, durables et si possible locaux. Un habitat élégant et réversible, dit « léger », éventuellement, dû à la nature urbanistique des terrains qui seront visés (c'est-à-dire que le terrain pourra facilement retrouver sa forme initiale à long terme). Plusieurs habitats pourront, dans l'idéal, être groupés en petits hameaux en fonction de la taille du terrain, afin de développer une organisation communautaire, terreau pour de plus amples projets sociétaux.

Ces habitats doivent être économiquement accessibles et facilement réalisables. L'emplacement ne doit pas représenter un investissement financier prohibitif et l'accès à une surface d'environ 5000m² par habitat est souhaitable (équilibre harmonieux + espace cultivable).

<u>Etape 2</u> : Une vision commune.

L'étape 2 de la transition consiste à définir la vision commune du projet, sa raison d'être et la manière de le faire. Dans le cas où vous ne disposez pas de moyen financier pour l'acquisition d'un terrain, il vous faut décrire votre vision commune 1) pour un propriétaire qui peut prêter un terrain, 2) aux membres fondateurs de la communauté.

1.) Donner une vision commune entre un propriétaire terrien qui veut promouvoir la révolution sociétale et agrader son terrain, et des aventuriers qui veulent se lancer dans la réalisation d'un projet. Ce point est crucial car, comme mentionné, la difficulté en Belgique est de trouver de la terre accessible. Les terrains à bâtir sont hors de prix si on veut se défaire de l'emprisonnement bancaire, et le reste des terrains sont principalement des terres agricoles et forestières exploitées ou non. Ces terres sont soit possédées par des grosses industries agroalimentaires soit par des petits, moyens et grands propriétaires terriens. Etant donné que les grosses firmes agroalimentaires n'ont comme seul but que de cultiver des espaces de plus en plus grands (pour des monocultures destructrices de l'environnement et de la biodiversité), il faut se tourner vers les propriétaires.

Les intérêts pour le propriétaire sont multiples :

- Entretenir, améliorer et embellir son terrain ;
- Agir (à distance) pour préserver son terrain ;
- Augmenter la biodiversité ;
- Créer du lien avec les aventuriers ;
- S'impliquer dans le changement sociétal et offrir des opportunités pour la nouvelle génération ;
- Soutenir des projets porteurs de sens.

L'importance d'obtenir un accord de prêt avec une temporalité mise légalement sur papier est très importante pour que les aventuriers puissent s'impliquer dans le projet et investir dans l'aménagement de leur habitat et de son environnement. Le summum serait d'obtenir un bail d'occupation emphytéotique à 99 ans.

 L'intérêt, pour les aventuriers, de proposer un projet avec une vision commune et une charte d'aménagement, est de garantir aux propriétaires que la nature de l'habitat s'intégrera harmonieusement dans l'environnement et qu'il ne s'agira pas d'un vieux camping clandestin.

Ensuite, l'intérêt de proposer une vision commune d'un projet communautaire à caractère agricole, social, artistique, culturel ou autre permet de mieux s'intégrer avec les instances communales et la population locale, avec qui il faudra sans doute négocier la pérennité des installations.

2.) Enfin, la vision commune des objectifs du projet doit être définie pour assurer la pérennité de la communauté. Il s'agit du/des moteurs, qui peuvent être multiples et variés mais qui doivent être suffisamment clairs dès le début, dans ses raisons d'être. Les détails du comment ne sont pas encore importants, mais les lignes directrices doivent être tracées. Cela peut aller de simplement créer un habitat confortable et convivial à un projet en agroécologie, en permaculture, à vocation sociale ou culturelle, un développement économique local, etc. Un bon objectif est un objectif spécifié, ambitieux, réalisable, quantifiable (du moins à la louche), avec une temporalité et un moyen d'évaluer son succès. Naturellement, ces objectifs ne resteront pas immuables tout au long du projet et suivront le cours de leur existence en les gérant selon les principes de gouvernances qui devront être définis également (évoqués ci-après).

Pour compléter l'étape 2, il vous faut donc une ou deux affiches explicatives résumant votre vision commune :

- De votre projet (communautaire) ;
- De votre habitat et de l'intégration dans l'environnement ;
- De votre relation avec le propriétaire.

TROUVER UN TERRAIN OÙ S'IMPLANTER

<u>Etape 3</u>. Trouver un terrain où s'implanter.

Parce que la terre est devenue presque inaccessible et impayable pour l'habitation, et m'inspirant de l'initiative d'une association française, *Désobéissance Fertile* [11], l'idée est de mettre en contact propriétaires terriens et aventuriers pour une collaboration fructueuse et amicale autour de la vision commune établie. Les parties peuvent alors établir un <u>prêt à usage précaire et gratuit (ou COMMODAT)</u> [12] ou autre forme de bail avec comme socle à leur relation une <u>charte</u> sur l'utilisation du terrain, la cohabitation et la relation (exemplaire en annexe).

Un outil en ligne sur le site de *Désobéissance Fertile* permet de créer ces contacts sur un outil interactif avec une carte. Ce très bon outil fonctionne pour la Belgique également, ou le reste de l'Europe, allez le visiter sur leur site web et utilisez ce qui a déjà été développé : <u>https://desobeissancefertile.com/carte/</u>.

Si vous êtes propriétaire et que vous possédez un terrain sur lequel vous aimeriez voir un projet tourné vers la transition se réaliser, partager votre espace pour offrir une opportunité d'habitat et créer des liens avec d'autres acteurs du changement, moyen vers l'élaboration de communautés, alors je vous invite à vous inscrire sur ce site.

Si vous cherchez des grands propriétaires terriens, il faut savoir que ceux-ci sont en général des personnes plus âgées, il faut donc essayer de rentrer en contact avec eux par courrier ou à l'aide d'une affiche à la boulangerie ou à l'église plutôt que par internet. Ce papier peut ensuite leur faire comprendre la nature du projet. Les terrains et leurs numéros de cadastre, ainsi que le plan de secteur définissant la zone

---

[11] https://desobeissancefertile.com/
[12] https://www.terre-en-vue.be/IMG/pdf/commodat_type_tev2016.pdf

urbanistique, peuvent être repérés par image satellite sur https://geoportail.wallonie.be/home.html et le propriétaire identifié auprès des autorités communales. Le bouche à oreille et les rencontres sur place peuvent également porter leurs fruits pour entrer en contact avec des propriétaires terriens.

CRITÈRES À LA RECHERCHE D'UN TERRAIN

Lors de la recherche d'un terrain, il y a plusieurs critères à prendre en compte pour permettre l'élaboration d'un projet. Je vous en propose une liste non exhaustive :

- <u>Le lieu / la région / type de paysage</u> : On s'oriente naturellement vers une région dont les caractéristiques correspondent à nos attentes (région vallonnée ou plate, région boisée ou pas, la nature du sous-sol, …).
- <u>Le régime linguistique</u> ou la langue si on recherche plus loin à l'étranger.
- <u>La taille</u> : A-t-on besoin de superficie pour du pâturage, de la terre cultivable ? Combien d'habitation veut-on pouvoir y accueillir ?
- <u>Le climat</u> : Attention que la désertification des régions du sud, avec le réchauffement climatique, est en cours. Il est important de bien se renseigner sur les conditions climatiques tout au long de l'année pour éviter de mauvaises surprises.
- <u>La nature des sous-sols</u> : Le sol est-il cultivable ? Peut-on facilement le creuser ?
- <u>L'état du biotope / échelle de temporalité</u> : Faut-il planter tous les arbres ou en couper ? Quel est l'état de la biodiversité (avancée ou à restaurer) ?
- <u>La connectivité au réseau électrique</u> : Y a-t-il un raccord possible en électricité si on a besoin d'une fourniture importante (pour une activité économique par exemple. Faire tourner des machines, un moulin à farine ou autre…) ? Va-t-on

pouvoir être autonome (y-a-t-il des énergies renouvelables disponibles tel que l'hydraulique) ?

- <u>L'accès à l'eau :</u> Comment pourra-t-on être autonome en eau ?
- <u>Les arbres :</u> Quelles sont les ressources disponibles ? Quelles types d'essences ?
- <u>L'accessibilité :</u> Présence d'un chemin carrossable ? Quid si on a besoin d'approvisionnement ou d'appareil de chantier ou de terrassement ?
- <u>Les moyens de transport à proximité :</u> Va-t-on avoir besoin de posséder une voiture ? Partagée ou individuelle ? Y a-t-il des transports en commun à proximité ?
- <u>Les approvisionnements :</u> Y a-t-il des commerces à proximité ? Est-il possible de se mettre en réseau avec d'autres acteurs dans la région ?
- <u>Le moyen d'acquisition :</u> Prêt vs achat ; Prix vs budget ?
- <u>La définition urbanistique du terrain :</u> destination légale.

On ne pourra forcément pas remplir tous nos critères en découvrant un terrain. Il est donc intéressant de savoir quels sont les critères les plus importants, et les hiérarchiser. D'un autre côté, si on n'a pas vraiment de critère car on est ouvert à tout, il est bien d'avoir quand même réfléchi à nos attentes profondes.

Finalement, il faudra rester flexible pour s'arrêter sur un choix car il est utopique, voir irréaliste, de penser qu'on pourra remplir tous nos critères comme nous les avions imaginés. La clé de la permaculture est l'adaptation à son environnement !

Bien sûr, c'est le terrain et son observation qui devront mener au choix final du type d'habitat, et de l'aménagement, comme tout bon permaculteur le sait, et non l'inverse. Attention de définir à l'étape 1 les lignes directrices et les possibilités plutôt que le design désiré.

Pour l'acquisition du terrain, il y a toujours la possibilité d'acquérir soi-même celui-ci en fonction de vos moyens d'investissements. Vous pouvez acheter un terrain, ou une partie de terrain qui contiendra des installations et avoir une autre partie du terrain en prêt (cela afin de pouvoir investir sereinement dans des installations agricoles, mais n'acheter que la partie qui accueillera des bâtiments, par exemple).

L'achat du terrain implique cependant une notion de propriété qu'il faudra étudier, car cette dernière peut interférer avec le succès et la pérennité d'une communauté – sujet évoqué plus loin.

DEFINITIONS URBANISTIQUES

La définition urbanistique du terrain est un point important sur lequel se pencher car il va forcément influencer le déroulement du projet à un moment ou un autre. Les terrains intéressants seront plus que probablement des terrains agricoles, forestiers ou en zone verte.

Si vous en avez l'utilité, voici la définition pour le Belgique, selon le CoDT (Code du Développement Territorial) [13] , des différents types de zones :

ZONE D'HABITAT VERT

<u>Art. D.II.25bis</u>. « La zone d'habitat vert est principalement destinée à la résidence répondant aux conditions fixées dans le présent article :

[...]

3) les résidences sont des constructions de 60 mètres carrés maximum de superficie brute de plancher, sans étage, à l'exception des zones bénéficiant d'un permis de lotir ou d'un permis d'urbanisation existant et permettant une superficie d'habitation plus grande.

---

[13]

http://lampspw.wallonie.be/dg04/site_amenagement/index.php/juridique/codt

[...] La zone d'habitat vert doit accueillir des espaces verts publics couvrant au moins 15 % de la superficie de la zone – Décret du 16 novembre 2017, art. 2). »

ZONE DE LOISIRS

<u>Art. D.II.27</u>. « La zone de loisirs est destinée aux équipements récréatifs ou touristiques, en ce compris l'hébergement de loisirs. Le logement de l'exploitant peut être admis pour autant que la bonne marche de l'équipement l'exige. Il fait partie intégrante de l'exploitation.

Pour autant qu'elle soit contiguë à une zone d'habitat, [...], la zone de loisirs peut comporter de l'habitat ainsi que des activités d'artisanat, de services, des équipements socioculturels, des aménagements de services publics et d'équipements communautaires pour autant que simultanément :

1) cet habitat et ces activités soient complémentaires et accessoires à la destination principale de la zone visée à l'alinéa 1er ;

2) la zone de loisirs soit située dans le périmètre d'un schéma d'orientation local approuvé préalablement par le Gouvernement. »

ZONE AGRICOLE

La destination de ce terrain, comme son nom l'indique, est à usage agricole. Cela ne veut pas dire qu'on ne peut pas y bâtir.

<u>Art. D.II.36</u>. « [...] Elle ne peut comporter que les constructions indispensables à l'exploitation et le logement des exploitants dont l'agriculture constitue la profession. Elle peut également comporter des activités de diversification complémentaires à l'activité agricole des exploitants. [...] Peuvent également y être autorisés des boisements ainsi que la culture intensive d'essences forestières, les mares et la pisciculture. [...] »

Des installations et des habitations peuvent donc y être installées, sous réserve d'un permis d'urbanisme, afin de permettre une activité agricole et récréative complémentaire. Il vous faudra alors être enregistré comme agriculteur pour y avoir accès [14]. Cela est sans doute le moyen le plus efficace de s'installer en toute légalité sur un terrain agricole sans risquer des procédures de délogement. Et ça n'implique pas forcément de devenir fermier ou d'avoir une activité financièrement lucrative ou excessivement chronophage. Il peut simplement s'agir de faire de l'apiculture, des plantes médicinales, de la culture de chanvre CBD, des œufs frais ou une pépinière d'arboriculture. L'association *Terre-en-vue* [15] vous inspirera peut-être. Cette association permet de rechercher des terrains agricoles sur base d'un projet établi et répond également à des questions légales. Elle propose des contrats types pour bail à ferme, bail emphytéotique, commodat, etc. Il y a même moyen d'acquérir des terrains via la coopérative *Terre-en-vue* qui obtiendra un statut de « bien commun ». Cette terre sortira alors de la spéculation foncière et sera toujours utilisée comme terre nourricière.

Devenir agriculteur implique cependant des contraintes que vous n'êtes peut-être pas prêt à subir.

Des dérogations existent si le terrain possède déjà des constructions, des installations ou des bâtiments existants avant l'entrée en vigueur du plan de secteur :

<u>Art. D.IV.6</u>. « Un permis d'urbanisme ou un certificat d'urbanisme n° 2 peut être octroyé en dérogation au plan de secteur pour les constructions, les installations ou les bâtiments existants avant l'entrée en vigueur du plan de secteur ou qui ont été autorisés, dont l'affectation actuelle ou future ne correspond pas aux prescriptions du plan de secteur lorsqu'il s'agit d'actes et travaux de transformation, d'agrandissement, de reconstruction ainsi que d'une modification de destination et de la création de logement visées à l'article D.IV.4, alinéa 1er, 6° et 7°. »

---

[14] https://agriculture.wallonie.be/devenir-agriculteur
[15] https://www.terre-en-vue.be/

ZONE FORESTIÈRE

<u>Art. D.II.37.</u> « La zone forestière est destinée à la sylviculture et à la conservation de l'équilibre écologique. Elle contribue au maintien ou à la formation du paysage. [...] Elle ne peut comporter que les constructions indispensables à l'exploitation, à la première transformation du bois et à la surveillance des bois. [...] Les refuges de chasse et de pêche y sont admis, pour autant qu'ils ne puissent être aménagés en vue de leur utilisation, même à titre temporaire, pour la résidence ou l'activité de commerce. [...] »

ZONE D'ESPACES VERTS

<u>Art. D.II.38.</u> « La zone d'espaces verts est destinée au maintien, à la protection et à la régénération du milieu naturel. Elle contribue à la formation du paysage ou constitue une transition végétale adéquate entre des zones dont les destinations sont incompatibles. »

ZONES NATURELLES

<u>Art. D.II.39.</u> « La zone naturelle est destinée au maintien, à la protection et à la régénération de milieux naturels de grande valeur biologique ou abritant des espèces dont la conservation s'impose, qu'il s'agisse d'espèces des milieux terrestres ou aquatiques. Dans cette zone ne sont admis que les actes et travaux nécessaires à la protection active ou passive de ces milieux ou espèces. »

PERMIS D'URBANISME

Il n'est pas permis, selon le CoDT, sans l'obtention d'un permis d'urbanisme de :

1) Construire ou placer des installations fixes : <u>Art. D.IV.4</u> « [...] par « construire ou placer des installations fixes », on entend le

fait d'ériger un bâtiment ou un ouvrage, ou de placer une installation, même en matériaux non durables, qui est incorporé au sol, ancré à celui-ci ou dont l'appui assure la stabilité, destiné à rester en place alors même qu'il peut être démonté ou déplacé »

2) [...]
3) Démolir une construction ;
4) Reconstruire ;
5) Transformer une construction existante (structure portante, volume, aspect architectural) ;
6) Créer un nouveau logement dans une construction existante ;
[...]
9) Modifier sensiblement le relief du sol ;
10) Boiser ou déboiser ; toutefois, la sylviculture dans la zone forestière n'est pas soumise à permis ;
[...]
15) Utiliser habituellement un terrain pour le placement d'une ou plusieurs installations mobiles, telles que roulottes, caravanes, véhicules désaffectés et tentes, à l'exception des installations mobiles autorisées par une autorisation visée par le Code wallon du tourisme ;
[...]

Art. D.VII.4. « En cas d'infraction [...] les agents constatateurs adressent un avertissement préalable à l'auteur présumé de l'infraction ou au propriétaire du bien où elle a été commise et fixent un délai de mise en conformité compris entre trois mois et deux ans. [...]»

Art. D.VII.11. « Les agents constatateurs précités sont habilités à prendre toutes mesures, en ce compris la mise sous scellés, pour assurer l'application immédiate de l'ordre d'interrompre, de la décision de confirmation ou, le cas échéant, de l'ordonnance du président. [...] »

Art. D.VII.12. « Lorsque le Procureur du Roi poursuit le contrevenant devant le tribunal correctionnel, [...], les infractions sont punies d'un emprisonnement de huit jours à trois mois et d'une amende de 100 à 50.000 euros ou d'une de ces peines seulement. [...]»

Voilà pour ce qui est du droit, une personne avertie en vaut deux, et la connaissance est la seule chose qu'on ne peut pas vous enlever !

L'habitat léger n'est pas défini dans ce CoDT. Il appartient donc aux constructions telles que visées à l'article Art. D.IV.4. Il apparait cependant dans le code Wallon de l'habitation durable (logement) [16].

Pour résumer de manière très simple, voici l'accessibilité d'une simple habitation au plan de secteur (sans tenir compte d'une activité permettant de s'implanter sur une zone agricole ou forestière) :

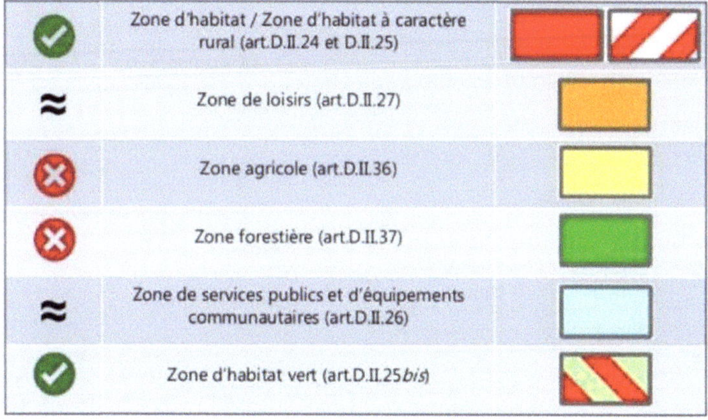

Note : Le code couleur présenté dans la colonne de droite correspond au plan de secteur. Pour accéder au plan de secteur, accéder à https://geoportail.wallonie.be/home.html > WalOnMap > Ajouter des données : Catalogue du Géoportail + > Aménagement du territoire > + Plan de secteur en vigueur (vision coordonnée vectorielle).

---

[16] https://wallex.wallonie.be/eli/loi-decret/1998/10/29/1998027652/2022/01/01

LA DÉSOBÉISSANCE FERTILE : S'IMPLANTER SUR UN TERRAIN HORS ZONE D'HABITAT

<u>Etape 4</u> : s'installer.

Vous l'avez vu, la loi n'est pas faite pour faciliter l'accès à l'habitat ou des projets offrant plus d'autonomie. Le moyen le plus juridiquement serein est de s'installer comme agriculteur, mais ça ne sera pas la solution pour tout le monde. Faut-il donc en rester là et baisser les bras face à une fatalité juridique ? On comprend bien que ces lois sont écrites, entre autres, pour protéger des terres cultivables ou des zones naturelles. Sauf que les zones agricoles, actuellement, sont le plus souvent utilisées de manière intensive en détruisant la vie et en polluant. Les zones forestières sont principalement des cultures sylvicoles pour produire du bois qui sera revendu en Chine pour y être manufacturé. En effet les autorités communales ont fâcheusement tendance à promouvoir des installations agricoles industrielles avec 20 000 poulets ou 2000 porcs, sans tenir compte de l'avis de la population, plutôt que de soutenir des projets agroécologiques avec des habitats légers. Un projet qui offre un habitat sain et confortable à une famille qui s'installe au cœur de la nature pour en prendre soin, tout en profitant du bien-être et des richesses qu'elle nous offre, le tout dans le respect le plus total, me semble une meilleure perspective pour l'avenir. Ce mode de vie permet d'accéder à une autonomie, une liberté qui, en vérité, menacent l'État, qui préfère garder tout contrôle. Pourtant, cette autonomie résout les problèmes auxquels nous faisons face. Elle permet de recentraliser une partie de la production alimentaire dans les jardins et les maraichers agroécologiques, elle permet d'arriver à une autonomie énergétique, pour ce qui est de l'habitat, par la diminution des besoins et l'utilisation des énergies renouvelables de manière locale. Elle permet le développement de projets à caractère humain et social, plutôt que de s'épuiser à des tâches inutiles pour rembourser les endettements bancaires pendant qu'on s'aliène et délaisse nos enfants et nos vieux. Elle permet de redonner du sens à la vie et se reconnecter à notre nature profonde. Est-ce que ce projet mérite d'être puni par la loi ? Est-ce que des lois qui promeuvent la destruction de nos écosystèmes sont plus légitimes ? La loi universelle qui évoque le respect de son environnement et de son prochain nous dicte d'agir autrement. Alors, il me semble plus que légitime, si ce n'est un devoir, de désobéir à de telles lois. D'où l'idée de *Désobéissance Fertile*, dérivée de la désobéissance civile… Le but n'est pas simplement d'avoir un toit à un coût abordable, mais de changer nos modes de fonctionnement, nos façons de vivre, et de boycotter les systèmes nocifs. Là est tout l'enjeu.

La solution est donc tout simplement de s'installer. Mais pas n'importe comment. Il faut acquérir une légitimité aux yeux du sens commun. Parce que, lorsque vous devrez faire face à des procédures qui attaquerons la légalité de votre projet, le plus important est de pouvoir obtenir l'opinion publique avec vous. Obtenir le soutien des voisins et de la population locale. Peut-être même mobiliser des collectifs et faire de votre lieu une ZAD (« zone à défendre »). Parce que, dans ce cas, même si vous devez passer devant un juge pour défendre votre projet, vous militerez vraiment pour le changement et participerez activement au combat pour la révolution sociétale.

Pour obtenir ce soutien, quelques principes me semblent importants :

- Être discret et se fondre dans le paysage. Car si vous n'êtes pas vu, vous n'êtes pas pris. Mais si vous êtes visibles et apportez de la beauté, de l'élégance, alors on vous en sera reconnaissant. Cela passe par l'utilisation de matériaux naturels et l'harmonisation avec les éléments qui vous entourent.
- Agrader son environnement et augmenter la biodiversité de son terrain.
- Avoir un bon contact avec son voisinage, créer des relations d'amitié et de confiance et éviter de provoquer des nuisances.
- Apporter une plus-value grâce à un projet qui profite aux autres.

La difficulté est donc d'accepter le risque encouru en procédant de la sorte. Pour être résilient face à cette adversité, les meilleures options d'habitat sont les habitats légers.

Faut-il faire une demande à la commune avant de commencer ? Oui, si vous avez un très bon contact avec le conseil communal et que vous êtes certain qu'il sera favorable à ce genre de projet, ou si c'est la voie qui vous semble bonne pour faire avancer les choses. Sinon, il ne faut pas tendre le bâton pour vous faire battre. Si vous les mettez directement au courant de vos projets, les autorités réticentes vous en empêcheront d'emblée et il ne vous restera pas beaucoup de marge de manœuvre. Alors que, si vous vous implantez d'abord et militez pour votre légitimité sur place, il n'y aura pas de procédure avant qu'il y ait une plainte ou une constatation, ce qui devrait vous donner du temps pour obtenir du soutien. De plus, une fois installé, les procédures pour vous expulser seront beaucoup plus compliquées et vous serez, en partie, protégé par le code de l'habitation.

C'est cette démarche que prône ***Désobéissance Fertile*** [17] :

---

[17] https://desobeissancefertile.com/

L'HABITAT LÉGER

Même si les lois tardent à s'adapter, l'habitat léger est de plus en plus présent et le combat est lancé. C'est une réalité à laquelle les autorités sont obligées de faire face et de s'adapter. On estime actuellement à 25 000 le nombre de personnes ayant opté pour l'habitat léger en Wallonie [18]. Même si les lois d'urbanisme tardent à s'adapter, l'habitat léger apparait depuis 2019 dans le code Wallon de l'habitation durable (logement) [19], en y adaptant des critères de salubrité et en permettant d'en faire la location.

Le collectif **HaLé** aide à promouvoir et soutenir l'habitat léger en Belgique. Leur site internet https://www.habiterleger.be/ est une mine d'information sur l'habitat léger.

Voici un de leurs articles sur la *Ferme du Nord*, qui est très parlant quant à l'hypocrisie de certaines autorités en matière de développement durable :

« Le 11 mai 2020 a eu lieu la première audience d'une procédure judiciaire emblématique : celle du premier cas d'habitat léger poursuivi au pénal. La ferme agroécologique Le Nord, installée dans la commune de Rochefort, est poursuivie pour infractions urbanistiques par le Procureur du Roi devant le Tribunal de première instance, en affaires correctionnelles. Les faits qui leur sont reprochés sont d'avoir installé une tiny house servant de logement, ainsi qu'un container et un petit chalet servant d'espaces de travail, avant l'obtention d'un permis d'urbanisme. C'est l'histoire d'un parcours de combattant·e·s pour faire valoir leur droit à habiter, dans le cadre d'un projet agroécologique porteur de sens. [...] » [20].

Cela montre le combat qui est encore à mener en matière de législation sur le sujet. De manière plus positive, un habitant de yourte a obtenu, début 2022, que le conseil d'état reconnaisse sont habitation comme

---

[18] https://lexing.be/wallonie-habitat-leger-reglementation/
[19] https://wallex.wallonie.be/eli/loi-decret/1998/10/29/1998027652/2022/01/01
[20] https://www.habiterleger.be/2020/09/la-ferme-du-nord-au-tribunal/

habitation permanente [21], une victoire qui pourrait faire office de jurisprudence à l'avenir.

Il existe heureusement d'autres exemples très motivants de projets soutenus par leur commune, et confronter l'urbanisme à la réalité de l'émergence des habitats légers est une belle manière de militer pour que les lois soient adaptées en conséquence. En ce printemps 2022, c'est une première en Wallonie, la commune de Tintigny, dans la province du Luxembourg, finalise l'aménagement d'une zone dédiée à l'habitat léger avec raccords à l'eau, égouts et électricité. Une convention a été signée pour permettre l'installation des locataires dans des habitats légers sur du long terme. En effet, la commune de Tintigny a opté pour le "Community Land Trust" [22], convention qui garantit l'utilisation du terrain communal et l'autonomie des habitants s'y installant. La commune loue donc une parcelle de terrain en échange d'un loyer de 100 euros par mois, tandis que les habitants sont propriétaires de leur habitat. Cette convention en CLT assure la pérennité du projet, même si les couleurs politiques de la commune venaient à changer.

Pour s'installer en désobéissance fertile, l'habitat léger facilement déplaçable est donc une des solutions qui comporte le moins de risques d'expulsion, car si vous pouvez bouger rapidement votre roulote ou tiny house, vous pourrez éventuellement éviter les constations nécessaires à la suite des procédures, ou la déplacer un peu plus loin et obliger les autorités à relancer de nouvelles procédures pour les allonger. Mais ces habitats ont un espace limité pour une famille.

L'habitat léger réversible ou démontable est une solution qui permet de récupérer facilement son investissement si vous êtes forcés de bouger. Les yourtes ne sont malheureusement pas toujours très bien vues, mais

---

[21] https://www.notele.be/it61-media108688-apres-5-ans-de-lutte-sylvain-hennin-a-eu-gain-de-cause-sa-yourte-est-enfin-reconnue-comme-un-habitat-permanent.html?fbclid=IwAR2PkoF8NoBMjoOoQMwhFI9VqLMYAjZPEJivd BzS2dJB8LCSn74LKvoyPbw

[22] Voir paragraphe - COMMUNITY LAND TRUST - de cet ouvrage.

il existe maintenant des yourtes contemporaines très élégantes ou d'autres types d'habitats démontables, telle qu'une petite structure bois.

L'habitat léger auto-construit avec des matériaux locaux est une bonne alternative. Ecologique et se fondant très bien dans le paysage, une cabane en bois, une habitation terre/paille avec un toit végétal et des petites installations annexes pour servir d'atelier, de grange, etc., sont des solutions très agréables et économiques qui permettent de ne pas risquer de perdre un gros investissement financier. Utiliser des matériaux recyclés, venant de chantiers de déconstruction par exemple, et des matériaux prélevés sur places (bois, argile, sable, terre, pierre, paille, etc.) est donc une des clés de la réussite.

Peut-être ne vous sentez-vous pas capable d'auto-construire votre habitation terre/paille, et vous vous demandez où trouver les connaissances ? L'union fait la force. Il y a plein de gens prêts à aider pour apprendre, à participer pour échanger, se sentir utile et pour transmettre leur savoir. Cherchez une personne avec les connaissances nécessaires et organisez des chantiers participatifs qui proposent l'apprentissage des différentes techniques. Vous trouverez, pour cela, des liens utiles au paragraphe - HABITAT ET AUTO-CONSTRUCTION - du dernier chapitre de cet ouvrage.

DE L'ÉTAT NATUREL DE L'HOMME À SON ÉTAT EN SOCIÉTÉ

L'état naturel de l'être humain diffère de son état en société. Vivant initialement selon la loi naturelle qui vise la poursuite de ses désirs et l'augmentation de sa puissance, il agit d'abord en fonction de son intérêt propre, et ne se soucie pas du bien d'autrui. À l'état naturel, il n'y a ni bien, ni mal, ni juste ni injuste. L'individu jouit simplement de ce qu'il désire. En communauté, l'expression des désirs individuels confrontés à ceux des autres introduit la notion de bien, de mal, de juste ou d'injuste. Si les hommes vivaient sous l'emprise de la meilleure partie d'eux-mêmes, la raison, ils ne causeraient jamais de tort à autrui. Mais comme ils vivent davantage sous l'emprise de leurs passions (les émotions, l'envie, la jalousie, le besoin de dominer, etc.), les êtres humains s'entre-déchirent [23]. Afin d'aboutir à une société/communauté pérenne et bénéfique, il nous vient la nécessité de dicter des règles de cohabitation et d'échange. Etant donné que la liberté, dont le libre arbitre, est le propre de l'être humain et que c'est cela qui lui permet d'exprimer le meilleur de la vie et de lui-même, cette notion doit être inaliénable à tout individu. Finalement, c'est l'acceptation profonde d'un système de *valeurs primordiales* définissant la société/communauté qui est la seule solution pour que cette liberté ne se retrouve limitée par cette même société/communauté. Les individus de la société/communauté transfèrent alors une partie de leurs propres pouvoirs au pouvoir collectif auquel ils s'agrègent. Ainsi, le droit dont chaque individu jouissait naturellement sur tout ce qui l'entoure, devient collectif. Il n'est plus déterminé par la force et par la convoitise de chacun, mais par la puissance et la volonté conjuguées de tous.

Confucius (551 av. J-C), philosophe chinois, nous disait que la vertu de l'homme est sa morale. L'homme est un être social, la vertu de la morale est donc sociale. Le fondement de la morale est la constatation faite par notre intelligence, notre raison, que nous ne sommes que des parties d'un grand tout, et que notre nature ne peut se développer

---

[23] Inspiré du *Traité Théologico-politique*, Spinoza.

normalement que si nous contribuons, pour notre part, à la prospérité de l'ensemble. La notion de vertu de l'homme devient alors une notion d'altruisme.

Par le pacte social, les membres de la société/communauté se vouent mutuellement assistance et décident de ne pas faire à autrui ce qu'ils ne souhaiteraient pas qu'on leur fasse. Ainsi est légitimée la souveraineté collective de la société/communauté à laquelle les individus s'identifient en tant qu'auteurs/acteurs et non simplement comme sujets.

Voilà, d'après moi, pourquoi le socle de votre société/communauté doit être la charte définissant les *valeurs primordiales* prémentionnées. De cette manière, la légitimité proférée à la société/communauté à laquelle on adhère par conviction de son bon fond, permet l'établissement de règles de fonctionnement. Effectivement, toute règle a le pouvoir de limiter la liberté individuelle d'une certaine manière. Par l'assurance du respect par chacun des *valeurs primordiales*, l'individu accepte, dans une certaine mesure, la limitation de sa liberté.

CRÉER DES COMMUNAUTÉS ET VIVRE EN SOCIÉTÉ

Etape 5, créer des communautés.

Après avoir défini les visions communes de votre communauté et de leurs objectifs, avoir trouvé un terrain et être prêt à s'y installer, il va falloir définir un certain nombre d'accords, de principes, de manières de faire et de vivre pour assurer l'harmonie et la longévité de votre communauté.

La société, de son étymologie ''societas'' (union, association), est le regroupement de personnes qui établissent des conventions pour leurs avantages réciproques et augmentent la jouissance de leur droit naturel [24]. Le droit d'être, d'épanouissement, de liberté. Cette union a pour but de s'entraider, d'augmenter la sécurité, d'échanger, d'augmenter la qualité de vie et l'épanouissement des individus, dans le respect de chacun et dans le respect de l'intérêt commun, et ce en respectant les capacités et les limitations intrinsèques de chacun. La communauté fait la même chose à une échelle de regroupement plus restreinte, plus familiale, avec des notions pour une cohabitation harmonieuse et pérenne. Les valeurs de base doivent être, selon moi, identiques.

R.O.I (RÈGLES D'ORDRE INTÉRIEUR)

Le bon fonctionnement d'une communauté devra être régi, en partie, par des chartes ou des règles d'ordre intérieur. Cela peut porter sur les échanges, l'économie, l'aspect pécunier, la répartition des charges, etc. Tout l'enjeu est de pouvoir définir les besoins et les attentes de chacun, ainsi que ceux de la communauté (comme système), et de les traduire en des éléments objectifs. De cette manière, on établit des lignes de conduite en toute connaissance de causes, et les individus peuvent fonctionner au sein de la communauté en connaissance de ces causes. Ces lignes directrices, ce « règlement » (je mets ce mot entre guillemet car il a acquis une connotation que je trouve bien négative et anti-libertaire), sera établi en consensus à l'aide du système de gouvernance que vous aurez choisi, et sera adapté régulièrement en fonction de l'évolution (continue) de la communauté.

L'aspect important de ce sujet est de savoir ce que représentent ces règles. Sont-ce des lois intransigeantes et punissables ? Allez-vous établir un système de répression ?

Cela ouvre la notion de lois, de justice et le système de gestion des conflits.

---

[24] François Quesnay, *Observations sur le Droit naturel des hommes réunis en société*, 1765

COMMENT ÉTABLIR UNE JUSTICE ?

Le bien et le mal sont des notions relatives. Vouloir régir la vie humaine tout entière par des lois, c'est exacerber les défauts des hommes plutôt que les corriger. Mais alors, sans un système de lois, ce qu'on ne peut pas interdire, il faut nécessairement le permettre, malgré le dommage qui peut en résulter, ... Si cela ne va pas à l'encontre direct de l'intérêt d'autrui ou de l'intérêt commun ! Alors comment délivrer une sorte de justice s'il n'y a pas de vraies lois ? Une société/communauté régie par des lois se base sur la peur de la punition, ce qui est moins fort qu'une véritable conviction en un système de valeur. C'est pourquoi une adhésion profonde aux *valeurs primordiales* est bien plus solide qu'un régime répressif de lois.

Ce système est totalement compatible pour autant que la taille de la communauté reste « tribale », inter-familiale, afin qu'une empathie sincère puisse être présente en son sein. À l'échelle de la société (au sens large), il parait plus difficile de se passer entièrement d'un système judiciaire, car les dérives existent malgré tout. De manière utopique, il faudrait pourtant pouvoir y arriver, à terme.

À une plus petite échelle, celle des communautés, il me semble judicieux de pouvoir se passer de ce genre de mécanisme qui implique également la mise en place d'un pouvoir judiciaire, incompatible avec l'égalité individuelle, et qui représente un risque certain de dérive autoritaire et d'abus.

Le maintien de la cohésion sociale et du savoir-vivre ensemble demande toutefois une "éducation citoyenne", une culture sociale, des outils d'épanouissement personnel, un éveil spirituel et des mécanismes de gestion des conflits. L'éducation citoyenne est définie par l'éducation de ces notions d'Être, d'état naturel et d'état d'être en société. C'est l'apprentissage et l'explication des *valeurs primordiales* en plus des outils nécessaires à une communication non violente et à la résolution pacifique des conflits.

Lorsqu'une personne nuit à une autre sous prétexte de son intérêt personnel, il s'agit probablement d'un désir qui résulte d'une idée inadéquate sur ce qui lui fait réellement du bien (où ce qu'il imagine lui faire du bien). C'est un désir qui, une fois comblé, ne dure pas et n'apporte pas la vraie joie. Il est donc de l'intérêt commun que chaque individu apprenne et soit guidé vers la découverte de ce qui lui est vraiment adéquat : *les valeurs primordiales*, entre autres. De manière pratique, l'éducation, les activités de cohésion, les rites, l'éducation citoyenne, etc. doivent mettre cet aspect en avant.

L'hygiène de vie, les activités, doivent également permettre de se passer de ce qui entretient l'imaginaire nous amenant des satisfactions éphémères et non adéquates, tel que le consumérisme colporté par tous les moyens numériques.

LA TAILLE DE VOTRE COMMUNAUTÉ

Comme nous l'avons vu avec la pratique de la justice, la taille de la communauté est un facteur important pour assurer le bon équilibre de certains mécanismes.

Une petite communauté a l'avantage que chaque individu se connait personnellement. On parle ici d'une communauté à l'échelle d'une famille ou de l'inter-familles (par rapport au nombre d'individus). Une justice familiale sera naturellement mise en place. En revanche, le désavantage est que la communauté dispose de moins de ressources pour s'entraider, accomplir des tâches, faire des échanges, et il sera donc plus compliqué de parvenir à des formes d'autonomies avancées. Aussi, la compatibilité entre les membres nécessite d'être suffisamment bonne car les individus disposent de moins d'alternatives pour leurs relations sociales.

Une trop grande communauté perd l'avantage de la connexion familiale d'une petite communauté. Si la taille de la communauté est telle qu'un individu ne s'identifie pas forcément à un autre, il perd plus facilement ce lien fort d'empathie qui permet de fonctionner sur le système de *valeurs primordiales* uniquement. L'avantage d'une plus grande taille est évidemment d'augmenter les effectifs et les capacités à générer et produire. Un grand nombre de personnes est malgré tout plus difficile à organiser et il est plus difficile de trouver des consensus à mesure que le nombre d'intervenants augmente. Finalement, la diversité de plus grandes populations offre une plus grande richesse et cela permet de trouver des gens avec qui on a plus d'affinités, tout en prenant de la distance avec d'autres, si besoin.

La taille idéale est donc ce que l'on peut appeler « tribale » (de la taille d'une tribu), c'est-à-dire de quelques familles à une soixantaine de personnes. Au-delà de cent individus, les liens et la notion d'identification à l'autre diminuent drastiquement et on perd une partie des avantages de la communauté. Pour les plus grandes échelles, il faut donc un réseau de communautés à tailles tribales. Ces communautés, mises en réseau, peuvent alors bénéficier des échanges et de partage.

Les tribus sont des formes naturelles de société chez l'homme. L'étude anthropologique des tribus nous rappelle la forme sociétale naturelle avec sa mixité intergénérationnelle. Notre société actuelle a scindé les jeunes, les adultes capables de fournir de la main d'œuvre, et les vieux. Les parents sont fortement sollicités (si ce n'est obligés) à abandonner leurs jeunes enfants, âgés de seulement quelques mois, à d'autres personnes qu'ils devront payer. Personnes qui seront censées leur donner une éducation (ou pas), et ceci afin que les parents puissent retourner travailler et gagner l'argent nécessaire à payer le train de vie (et les emprunts bancaires). Pendant ce temps, les vieux, inutiles, sont mis de côté, esseulés, dans l'attente de la mort, de manière ingrate (et qui plus est, très onéreuse). Où est la logique ? Dans une tribu, les personnes âgées, dotées d'une plus grande sagesse, fortes de leur longue expérience et avec un grand bagage de connaissances, s'occupent des plus jeunes et leur transmettent leur savoir. Ensemble, ils effectuent les petites tâches qui ne demandent pas la vigueur des (jeunes) adultes. Pendant ce temps, la génération intermédiaire effectue les tâches plus lourdes et compliquées. Il faut donc réintégrer l'intergénérationnel dans nos communautés afin d'augmenter notre résilience. Parce que sinon vous vous demanderez comment vivre et vous débrouiller seul à 75 ans sans régime de pension. La réponse est l'intergénérationnel.

Mais de manière pragmatique, la taille de la communauté que vous allez mettre en place n'aura sans doute pas directement la dimension escomptée car il dépend d'un certain nombre de facteurs. La taille du terrain et sa capacité à accueillir des habitations en est un. La possibilité de rassembler d'emblée un grand nombre de personnes autour d'un projet en gestation en est un autre, mais cela peut se compenser avec le temps. Et puis la Belgique reste un pays limité en territoires, alors il faudra faire avec ce qu'on trouve.

Mais la communauté ne nécessite pas forcément d'être localisés tous au même endroit. On peut alors s'organiser en collectifs ou coopératives. C'est également la solution pour ceux qui sont déjà implantés quelque part.

LE SYSTÈME DE GOUVERNANCE

Le système de gouvernance d'une société, et pour ce qui nous intéresse principalement ici, d'une communauté, est un outil organisationnel de gestion, de prise de décision et de gestion des conflits. Ce système doit permettre l'harmonisation des intérêts personnels avec l'intérêt commun, ce qui est par nature, un défi complexe pour toute organisation humaine. Il doit également exploiter au mieux l'intelligence collective, la diversité et la créativité des individus organisés en communauté.

En occident, notre modèle de gouvernance sociétal actuel est basé sur le libéralisme capitaliste. Initialement, le libéralisme est une doctrine économique et politique qui privilégie l'individu et sa liberté. Mais, jumelée au capitalisme, elle défend principalement le droit à la propriété et au bénéfice de l'exploitation de ses richesses. Ce principe de liberté, qui semblait louable de prime abord, a donc été perverti jusqu'à faire dériver nos systèmes de valeurs vers le monétarisme. De plus, la démocratie, qui devait permettre une représentation équitable de la population afin de défendre les intérêts communs, s'est avérée inefficace pour proposer des solutions aux grands enjeux de notre société : la répartition équitable des richesses et des ressources, la justice sociale, l'écologie, l'équilibre pacifique global, … Le jeu politique démocratique actuel ne donne presque aucun pouvoir réel au peuple. Quelles que soient les voix lors des élections, les mêmes hommes politiques carriéristes seront mis en place et finiront par arranger des coalitions qui privilégieront les élites, la corruption, le lobbyisme et le système capitaliste, et ce au détriment de la planète et de la majorité de ses habitants.

Le socialisme, qui émergea vers le milieu du 19ème siècle et qui visait à définir une organisation plus équitable économiquement et socialement, plus juste et avec moins d'inégalité, n'a finalement pas abouti. Le socialisme visait une société égalitaire où il y aurait communauté des biens et pas de propriété privée. Comme nous l'ont montré, par exemple, le marxisme, le léninisme, le communisme ou les dictatures communistes, les dérives autoritaires afin d'imposer ces idées ont également dégénéré et perverti les idées égalitaires initiales. L'histoire nous montre que, dès qu'il y a pouvoir et autorité, il y a abus de pouvoir et égo surdimensionné. Comme disait l'anarchiste Michel Bakounine [25], « Tout pouvoir politique, quelles que soient son origine et sa forme, tend nécessairement au despotisme. […]. Tant qu'il n'y aura point d'égalité économique et sociale, l'égalité politique sera un mensonge. ».

Si l'anarchisme défendait la liberté, l'égalité et la fraternité, tout en rejetant tout type de contrôle ou d'autoritarisme, les essais des mouvements anarchistes se sont soldés par une répression sanglante de la part des systèmes autoritaires à travers l'Europe entre la fin du 19ème et le milieu du 20ème siècle, et ce afin de défendre l'intérêt des élites en place. De la *Commune de Paris* en 1871 à la guerre d'Espagne de 1936-1939, ce pan de l'histoire ne nous est malheureusement pas vraiment enseigné sur les bancs d'écoles. La *Commune de Paris* est la plus importante des communes insurrectionnelles de France en 1870-1871, qui dura 72 jours, du 18 mars 1871 à la « Semaine sanglante »

---

[25] Michel Bakounine (1814-1876), théoricien russe de l'anarchisme, Aristocrate russe et révolutionnaire. Il fut le principal adversaire de Karl Marx au sein de la Ire Internationale. Il fut aussi le théoricien du socialisme libertaire opposé à l'autoritarisme marxiste, et se posa en défenseur de l'autogestion et de la liberté intérieure des organisations ouvrières.

du 21 au 28 mai 1871. Cette insurrection refusa de reconnaître le gouvernement issu de l'Assemblée nationale constituante, qui venait d'être élu au suffrage universel masculin dans les portions non occupées du territoire, et choisit d'ébaucher pour la ville une organisation de type libertaire, fondée sur la démocratie directe, qui donnera naissance au communalisme. La guerre d'Espagne de 1936-1939 fut une guerre civile opposant les républicains - loyalistes à la IIème République d'Espagne alors en place - composés de gauchistes, marxistes, communistes, et révolutionnaires anarchistes, aux nationalistes putschistes orientés à droite et extrême droite menés par le Général Franco. Cette guerre se termina par la victoire des nationalistes qui établiront une dictature connue sous le nom d'« État espagnol » durant 36 ans, dirigé par Franco, jusqu'à la transition démocratique qui n'intervint qu'à la suite de la mort de celui-ci [26].

La question de gouvernance est donc un sujet sensible et complexe. L'histoire ne nous a pas donné de bons exemples et il est impératif, pour la survie de la communauté et son bon fonctionnement, d'établir les règles d'un système de gouvernance sain. Dans tout projet impliquant plusieurs personnes, la gouvernance est un des éléments clé pour se donner les moyens de réussir ce qui a réuni. Construire dans la durée nécessite une attention toute particulière à penser et organiser le « faire ensemble ». Bon nombre de merveilleux projets se soldent par un échec parce que la structuration du fonctionnement interne n'a pas été au centre du projet dès le départ. Nous oublions souvent que nos enjeux personnels, nos peurs, notre volonté de contrôle, nos certitudes, notre besoin de sécurité et de reconnaissance, viendront tôt ou tard s'affronter dans l'arène de notre faire ensemble et mettre à mal notre projet initial. Si nous imaginons notre projet comme un grand jeu collectif coopératif, comme dans n'importe quel jeu, pour que ça fonctionne, il faut des règles. Ça sera l'ensemble des règles relationnelles et organisationnelles qui permettront de répondre aux questions que posent tout projet collectif :

---

[26] Wikipédia

- Comment prenons-nous nos décisions ?
- Quel type de réunion devons-nous faire ?
- Avec qui et pourquoi ?
- Comment fonctionnons-nous dans nos réunions ?
- Qui décide de quoi ?
- Qui fait quoi dans le concret ?
- Comment mettons-nous en œuvre nos décisions ?
- Comment pouvons-nous construire de la confiance et de la sécurité dans le groupe ?
- Comment inclure des nouveaux ou comment sortir du projet ?
- Qui fait partie de la gouvernance et participe aux décisions ?
- Comment allons-nous gérer nos conflits ?
- Comment exclure une personne qui mettrait le projet en danger ?

S'il existe plusieurs manières de répondre à ces questions, les réponses les plus saines, qui permettent à des communautés de fonctionner sur le long terme, sont données par la notion de gouvernance partagée [27]. La gouvernance partagée quitte le concept de gouvernance hiérarchisée de type pyramidale pour des modèles tels que la sociocratie et l'holacratie.

La sociocratie [28] est un mode de gouvernance qui permet à une organisation, quelle que soit sa taille, d'une famille à un pays, de se comporter comme un organisme vivant, de s'auto-organiser. Son fondement moderne est issu des théories systémiques. L'objectif premier est de développer la co-responsabilisation des acteurs et de mettre le pouvoir de l'intelligence collective au service du succès de l'organisation.

L'holacratie [29] est un système organisationnel de gouvernance qui permet à une organisation de disséminer les mécanismes de prise de

---

[27] https://drive.jardiniersdunous.org/s/WCS5Yrt4iymWiAZ
https://hum-hum-hum.fr/gouvernance-partagee-ressources
[28] Née de Gerard Endenburg (1933-) ingénieur hollandais en électrotechnique– Wikipédia
[29] Le système holacratique fut développé en 2001 par Brian Robertson au sein de son entreprise de production de logiciels (Ternary Software) en vue de mettre au point des mécanismes de gouvernance plus agiles. – Wikipédia

décision au travers d'une organisation fractale d'équipes auto-organisées. Le fondement de la théorie holacratique repose sur la raison d'être de toute organisation humaine. L'holacratie distingue donc la raison d'être des personnes qui vont apporter leurs contributions au travers de leurs compétences, aptitudes et potentiels en vue de satisfaire cette raison d'être. En vue de répondre aux exigences dictées par la raison d'être d'un organisme, celui-ci va se structurer en cercles.

Issus de modèles de management basés sur ces nouveaux principes, des outils existent pour répondre aux questions posées ci-dessus. Voici, à titre d'exemple, et de manière non-exhaustive quelques outils [30] :
- La décision par consentement
- L'élection sans candidat
- La gestion par tension
- La médiation et communication non violente
- Le cadre de sécurité, la bulle de confort ou charte relationnelle
- La gouvernance cellulaire [31]
- …

Je n'ai pas la prétention de pouvoir développer ici tous les outils qui peuvent être mis en place, car le sujet est vaste et demande de la pratique pour être maîtrisé. Il sera nécessaire de vous documenter sur le sujet pour sélectionner les outils que vous voudrez utiliser. Pour vous y aider, il existe des associations/coopératives qui, riches de leurs expériences, peuvent vous guider ou vous former en la matière [32].

Au-delà des outils, des modèles qui constituent les aspects techniques d'une gouvernance, la posture personnelle que ce type de fonctionnement invite à cultiver est une véritable clé pour permettre de transcender les conditionnements et de marcher vers ces nouveaux paradigmes. Déjouer les parties multiples de soi-même afin que son ego, dans ses aspects contrôlant, craintif, peureux, voire manipulateur, ne puisse prendre le pouvoir sur l'autre et sur le projet.

---

https://igipartners.com/
http://happywork.pro/
[30] https://hum-hum-hum.fr/gouvernance-partagee-ressources
[31] https://gouvernancecellulaire.org/
[32] https://cooperative-oasis.org/creer/etre-accompagne/

Trois questions à se poser avant de déclarer que nous allons bel et bien partager le pouvoir :
- Suis-je prêt à renoncer à mon « Je veux » au profit de l'émergence d'une autre vision ?
- Suis-je prêt à renoncer à me battre pour aller là où je crois que nous devons aller, pour une autre voie qui n'est pas ma préférence ?
- Est-ce que j'œuvre avant tout pour créer mon projet ou pour que ce projet existe et soit pérenne au-delà de moi ?

Afin de permettre ce lâcher-prise et être capable de donner sa confiance au système de gouvernance, la légitimité de ce système de gouvernance est primordiale. Cette légitimité est le sentiment d'être bien gouverné et découle de cinq principes généraux [33] :
- Les sacrifices demandés à chacun, au nom du bien commun, le sont réellement au service du bien commun ;
- Les valeurs qui guident la gouvernance sont en adéquation avec les valeurs qui fondent la communauté ;
- La gouvernance est jugée digne de confiance ;
- Les dispositifs sont efficaces et adaptés aux problèmes que l'on veut traiter ;
- La gouvernance implique une moindre contrainte, les contraintes sont pondérées par le bénéfice des objectifs.

LA NOTION DE PROPRIÉTÉ

La notion de propriété est une question complexe et un débat au cœur des systèmes de gouvernance. La propriété est-elle un droit ou alors faut-il mutualiser les ressources (libéralisme vs socialisme) ? Ai-je le droit de m'approprier un territoire, une ressource ou même un être vivant, et à quel titre ? Dans l'absolu, il me semble, comme le considèrent les indigènes Amérindiens et autres, que la terre ne nous appartient pas mais que nous y sommes invités. Comme une cellule dans un organisme, nous avons une place et un rôle à jouer, ayant le

---

[33] https://lms.fun-mooc.fr/c4x/CNFPT/87002/asset/cinq-principes.pdf

droit de nous développer et nous épanouir, mais contribuant à un équilibre dont nous avons une part de responsabilité. Nous devrions donc jouer un rôle de gardien bienveillant, et emprunter nos espaces de vies à la Terre Mère dans un profond respect et une reconnaissance à celle-ci. Les territoires et ses ressources appartiennent à notre planète Terre dans son ensemble, qui englobe le vivant et le non vivant, tous ces éléments faisant partie d'un grand équilibre.

Il parait, selon moi, naturel d'avoir le droit de jouir en toute liberté du fruit de son labeur ou de son habitat. Dans la pratique, il faudrait alors, pour commencer, différencier ce qui est naturel d'être approprié à quelqu'un du bien commun. Sans vouloir déterminer ici la liste du droit à la propriété, j'aimerais me pencher sur certains aspects importants dans l'élaboration d'une communauté, car la notion de propriété, telle que définie par notre société actuelle, l'ancre irrémédiablement à un système de valeurs monétaires.

En premier lieu, sur la notion de propriété des territoires, ou, à plus petite échelle, du terrain sur lequel s'implantera votre communauté. Parce qu'il y a un aspect financier si vous achetez un terrain, et qu'il existe des notions juridiques importantes dans notre système actuel, il faut pouvoir gérer ce principe de propriété de telle manière que le système de valeur de la communauté ne soit pas perverti par un système financier. Le problème majeur de la propriété est que ce concept hiérarchise la communauté, et la hiérarchisation mène à des abus de pouvoir ou à un autoritarisme qui ôte le libre arbitre et la responsabilisation des individus quant au maintien de l'équilibre du système. Si, par exemple, vous achetez un terrain et vous y invitez des gens à s'installer avec vous pour former une communauté, vous voudrez avoir le choix de mettre quelqu'un dehors si vous pensez qu'il ne s'intègre pas dans le projet, ce qui vous donne un pouvoir hiérarchique sur les autres, qui auront intérêt à se conformer à vos envies. S'il faut faire des investissements dans les infrastructures ou pour les habitations, vos "invités" seront plus frileux car ils ne seront pas vraiment chez eux et qu'ils voudront être capables de récupérer, au moins en partie, leur investissement financier. Aurez-vous le même pouvoir décisionnel pour vos différents choix de vie et de fonctionnement ?

Pour se détacher de ces conflits d'intérêts, la plupart des communautés s'organise en associations sans but lucratif, coopératives et/ou fondations qui leur permettent d'avoir un statut juridique et qui assurent que chaque partie prenante au projet est sur un pied d'égalité. Cela facilite les investissements qui sont assurés par des parts de l'association qui peuvent être récupérées, vendues ou échangées. J'observe, dans de nombreux projets, que le système de gouvernance s'articule sur une assemblée générale et un conseil d'administration dont la condition d'admission est l'obtention d'un certain nombre de parts dans l'association, et qui donne un privilège sur le coefficient d'influence de leur vote lors d'une prise de décision ou autre. Cette pratique est contre-productive car elle fait retomber la noblesse d'un projet au niveau de la hiérarchisation monétaire, qui est à fuir. Il est donc important de différentier le statut juridique, contenant la notion de propriété commune, du système de gouvernance qu'il est préférable de partager selon un nouveau modèle. Il peut, par exemple, paraître légitime qu'un cercle de personnes, plus restreint que la communauté tout entière, joue un rôle décisionnel plus important par rapport à certaines décisions afin de permettre de garantir la continuité des objectifs et des valeurs du projet. Telle une tribu avec un conseil des sages, l'ancienneté liée au projet, qui inclura forcément les précurseurs de celui-ci, peut être un critère pour octroyer ce genre de privilège. Dans une tribu hiérarchisée par le niveau de sagesse et de connaissances, souvent lié à l'âge d'un individu, la hiérarchisation est légitimée par ces atouts qui aident à maintenir la cohésion sociale et le respect des valeurs mises en place.

En deuxième lieu, la propriété de l'habitat. Selon les projets, la propriété des habitations distinctes peut être celle de la communauté ou de la personne qui l'installe à ses frais. Il se peut que la communauté investisse (en finance et labeur) dans la construction d'habitations pour ensuite les prêter aux habitants, ou alors que chaque habitant se retrouve propriétaire de sa propre habitation et soit libre de la vendre, la louer ou la prêter comme bon lui semble. Cela peut être un mélange des deux, ce qui permet une flexibilité de choix et de moyens pour différents profils de personnes.

Le sujet de propriété est un aspect complexe car il se base sur notre ancien système de valeurs monétaires, mais il est difficile de faire sans dans la période de transition où un investissement financier est requis. Il faudrait pourtant être capable de s'en détacher et utiliser d'autres mécanismes tels que le partage, le don, la solidarité, l'entraide, la gestion pacifique des conflits, etc.

De manière pragmatique, dans le développement de la méthode présentée ici, le principe de prêt d'un terrain par un propriétaire terrien tiers offre ce détachement à la propriété dans la réalisation du projet.

Et si les territoires étaient un intérêt commun ?

COMMUNITY LAND TRUST

Dans cette optique, le principe de ''Community Land Trust'' a émergé aux États-Unis à la suite de la crise des logements et est en expansion en Europe à l'heure actuelle.

Un ''Community Land Trust'' est une organisation sans but lucratif qui acquiert, possède et gère des terrains (et des bâtiments) pour le bien de la collectivité pour les maintenir accessibles à perpétuité à des personnes plus fragilisées et faire de la terre un bien commun, géré par la collectivité. Le principe est celui de la dissociation entre la propriété foncière et la propriété du bâti. Le CLT est créé spécifiquement pour détenir les terrains sur lesquels seront construits des logements. De cette manière, il protège les terrains et les retire du marché spéculatif pour en faire un bien commun. Les propriétaires de ces logements, quant à eux, ne sont propriétaires que des murs, mais sont locataires du terrain, et bénéficient d'un droit d'usage par le biais d'un bail long de type bail emphytéotique ou bail rechargeable. L'acquisition du logement n'impliquant plus l'acquisition du terrain, souvent très cher, le coût du logement est nettement moins élevé que le prix du marché. Les utilisateurs et habitants des bâtiments et terrains du CLT, la société civile et des représentants de l'intérêt public en lien avec le territoire, sont membres du CLT et de son conseil d'administration pour une gestion commune pour le bien de la communauté. Une association citoyenne *CLTW* [34] (Community Land Trust Wallonie) aide et promeut l'émergence de CLT en Wallonie et peut vous aider à créer ce genre de convention dans une commune où vous jugez la cause défendable.

GESTION DES CONFLITS

Les conflits sont issus principalement soit d'un non-respect des *valeurs primordiales*, c'est-à-dire non-respect de l'autre, égoïsme, manque d'écoute, manque d'empathie, etc., soit d'une interprétation subjective du bien, du juste, dans une certaine circonstance, soit d'un mélange des deux. La meilleure manière de régler des conflits, et de les éviter, est donc d'adopter les *valeurs primordiales*. La gestion des émotions n'est toutefois pas chose aisée, et la subjectivité des points de vue demande une communication efficiente.

S'il advient qu'une personne ne puisse être raisonnée au détriment d'une ou d'autres personnes, il est naturel que le groupe auquel appartient cet individu prenne des mesures adéquates à son encontre, tels des parents bienveillants le feraient pour leurs enfants. C'est donc au sein du groupe que des personnes proches du conflits, mais pas directement impliquées, prennent de manière autonome l'autorité de garants des *valeurs primordiales* et de l'intérêt commun. Cela devient même une responsabilité qu'il est nécessaire d'endosser par entraide et par respect de chacun. Il va de soi que le dialogue et la raison doivent toujours être privilégiés dans la gestion de conflit, et cela peut être catalisé par des médiateurs ou personnes de confiances. Un conflit doit, pour cette raison, être géré en groupe avec des représentants neutres pour chaque partie du conflit.

La première étape de la gestion de conflit est l'expression d'un mal être ou d'un désaccord. Un outil tel que la gestion par tension répond à ce processus. Son principe est d'exprimer une demande, un besoin, à un moment prévu à cet effet lors d'une réunion régulière. Ce processus

---

[34] https://www.cltw.be/

fonctionne aussi bien pour la réalisation d'objectifs que pour des conflits personnels. Si la demande ne peut être directement satisfaite, se forme alors une équipe ponctuelle pour la résolution. La première mission de cette équipe est de s'assurer que la demande est correctement exprimée et comprise par les parties. Les points de vue des différentes parties sont ensuite expliqués quant à l'origine du conflit. S'en suit alors la résolution où l'on propose des solutions, on argumente, on ajuste et on trouve un consensus. Pour se faire, la communication est la clé de tout. Les principes de la communication non-violente sont une base à adopter.

La communication non violente est une technique qui a pour mission d'instaurer des échanges basés sur l'harmonie, l'empathie, la compassion et le respect d'autrui, au sein des relations humaines. Elle est généralement à caractère verbal et joue un rôle essentiel dans la résolution des conflits entre les personnes qui se côtoient fréquemment. L'application de cette méthode contribue également à se connaitre personnellement et établir une meilleure relation avec soi-même. En effet, la méthode CNV implique une remise en question afin de savoir avec précision ce que l'on désire vraiment. Cela va aider à cultiver l'autonomie et l'indépendance de la personne qui l'adopte.

Les 4 principes de la communication non-violente :

- Principe 1 – Observation : Observer la situation

Face à une situation révoltante, prenons le temps d'observer la situation avant de nous emporter. Et mettons-nous en tête que ce n'est pas l'autre qui nous agace, mais seulement la situation. Ce sont donc des faits. Pas de jugements, pas de généralisation (*tu es TOUJOURS..., il n'est JAMAIS...*). Sans critique, il n'y a pas de réaction de défense. Un proverbe dit que « *la capacité à observer sans évaluer est l'une des formes les plus élevées de l'intelligence* ».

⇨ *« Quand je vois ... ; »*

- Principe 2 – Emotions : Identifier mes sentiments découlant de la situation

Cette étape met en exergue ce qu'on ressent exactement par rapport aux faits. Il est donc nécessaire d'identifier de façon précise les ressentis face à la situation à laquelle nous désirons réagir. Là encore, les jugements et interprétations sont à éviter. Il faut se souvenir que lorsque nous sommes énervés, c'est nous-même qui nous énervons et non pas la situation, en soi, qui est énervante. Notre libre arbitre peut choisir si nous considérons cette situation énervante ou non, ainsi que notre manière de réagir.

⇨　*« Je me sens … »*

- Principe 3 – Besoins : Identifier mes besoins qui doivent être couverts

La partie sans doute la plus difficile. Elle consiste à identifier la cause du problème, sans s'accuser ni accuser l'autre. Souvent, lorsque l'on s'emporte, on considère que tous les torts sont attribuables à autrui. La réalité, c'est que l'on s'énerve parce que l'autre n'a pas répondu à nos besoins. Tout l'enjeu est donc d'identifier nos besoins (puis de les exprimer).

⇨　*« J'ai besoin … ; »*

- Principe 4 – Demande : Formuler une demande claire qui rendra ma vie meilleure

La demande consiste à faire une requête claire et bienveillante envers notre interlocuteur, en privilégiant le « je » plutôt que le « tu ». Cela consiste à mettre en évidence nos sentiments et nos besoins suite aux désagréments causés par ce dernier, sans lui reprocher directement ses erreurs. De ce fait, l'échange sera objectif étant donné qu'il se base sur les faits et les émotions, plutôt que sur la personne.

⇨　*« Et pour cela, j'aimerais … »*

Les accords Toltèques font également credo. Ce sont quatre règles qui permettent de s'épanouir, d'apprendre à mieux se connaître, de s'aimer et de vivre en harmonie :

- 1er accord Toltèque : Que votre parole soit impeccable.

Le premier accord toltèque est indéniablement l'accord le plus important, mais également le plus difficile à respecter. Votre parole n'est pas qu'un outil de communication, c'est aussi une force permettant de créer les événements de votre vie. Elle possède donc un pouvoir puissant, susceptible de provoquer le chaos autour de vous. C'est pour cela qu'il est recommandé de ne parler qu'avec intégrité et d'affirmer ce que l'on pense vraiment, en évitant de médire, sur soi-même ou sur autrui, et de mentir.

- 2ème accord Toltèque : Ne réagissez à rien de façon personnelle

Ce que les autres disent et font n'est qu'une projection de leur propre réalité, de leur rêve. Lorsque vous êtes immunisé contre cela, vous n'êtes plus victime de souffrances inutiles.

- 3ème accord Toltèque : Ne faites aucune supposition

Les suppositions entraînent bien des malentendus, des drames et des disputes. Ayez le courage de passer les questions et d'exprimer vos vrais désirs. Communiquez clairement avec les autres. À lui seul, cet accord peut transformer notre vie.

- 4éme accord Toltèque : Faites toujours de votre mieux

Votre mieux change d'instant en instant, en fonction des situations, des années, des périodes de votre vie. Quelles que soient les circonstances, faites simplement de votre mieux et vous éviterez de vous juger, de vous culpabiliser et d'avoir de regrets.

« Ne vous attendez pas à vous exprimer toujours avec une parole impeccable. Vos habitudes sont trop fortes et trop bien ancrées dans

votre esprit. Mais vous pouvez faire de votre mieux. [...] En faisant de votre mieux, l'habitude de mal utiliser votre parole, celle de faire une affaire personnelle de tout ce qui vous arrive et celle de faire des suppositions vont s'affaiblir et se manifester de moins en moins souvent.

Vous n'avez pas à vous juger, à vous sentir coupable ou à vous punir, si vous n'arrivez pas à respecter ces **quatre accords toltèques.** *Si vous faites de votre mieux, vous vous sentirez bien même en faisant encore des suppositions, même s'il vous arrive encore de réagir de façon personnelle, même si votre parole n'est pas tout le temps impeccable. »* [35]

La cohésion sociale et les rites jouent également un rôle important dans la communication et la résolution de conflit. Ce sont des moments privilégiés d'échange et de discussion qui doivent être cultivés pour l'harmonie de la communauté. Aussi, l'éducation citoyenne doit viser à faire intégrer ces outils par l'ensemble des individus, des enfants aux adultes, par des ateliers et des activités sur le sujet, des groupes de partages ou toute autre méthode permettant de cultiver cela.

Si toutefois il devenait néfaste de cohabiter dans un même groupe, pour des raisons personnelles ou pour le bien commun, les personnes concernées doivent accepter de s'éloigner afin de ne plus nuire l'une à l'autre. Si cela ne peut se faire naturellement, il faudra prévoir dans votre Règlement d'Ordre Intérieur et votre système de gouvernance comment le groupe peut se séparer d'un individu.

---

[35] Don Miguel Ruiz

LES RITES ET LA COHESION SOCIALE

La cohésion sociale au sein d'une communauté est très importante pour assurer un bon fonctionnement. Le sentiment de fraternité et d'appartenance à la communauté légitimise celle-ci avec son mode de fonctionnement et ses contraintes. Cette cohésion sociale assure que chaque individu ait envie de participer au projet, fasse de son mieux et ressente une responsabilité quant à son succès. Qu'est-ce qui fait que quelqu'un continue à avoir envie de s'investir pour un bien commun lorsque ses besoins individuels sont satisfaits ? Il peut certes y avoir une simple satisfaction personnelle, mais ce sont principalement les relations humaines, l'amour, le partage, le fait de se sentir utile, apprécié et reconnu, qui seront le vrai moteur.

Pour cela, il faut pouvoir s'identifier à l'autre et faire le choix, en conscience, de ce que l'on veut choisir et créer. Ce choix conscient, effectué avec la raison et notre libre arbitre, est une manière de s'élever spirituellement.

Afin de promouvoir cette cohésion sociale, les rites vont être l'outil principal. Les rites sont définis comme des actions accomplies conformément à des règles et faisant partie d'un cérémonial. Mais il ne faut pas forcément les voir comme étant forcément complexes et rigides, des petits gestes peuvent déjà devenir un rite en soi. Les rites sont des habitudes, des pratiques, des évènements particuliers qui sont ancrés dans le fonctionnement de la société/communauté et donc de ses individus. Les rites sont des moments privilégiés qui rassemblent la communauté. Ce sont des moments qui peuvent servir à célébrer, organiser ou créer des habitudes et des bonnes pratiques. Ce sont également des moments qui permettent le dialogue, de partager des émotions pour révéler les non-dits et exprimer ses opinions, et des moments qui promeuvent le développement personnel.

Dans la pratique, ce sont les repas communs, les célébrations, les réunions, les activités communes, les gestes du quotidien, etc.

Quelques idées de rites :

- Des repas communs : Ils offrent la possibilité de se retrouver de manière conviviale autour d'un bon repas, préparé avec amour, grâce au fruit de la terre et au travail des hommes et des femmes. C'est une célébration de la communauté, du vivre ensemble, des produits cultivés et récoltés. C'est un moment de communication et de partage.

- Les célébrations : Ça peut être la fête de la pomme, des potirons, de la moisson, etc. Célébrer, se réjouir, rire, chanter, danser, bien manger. C'est faire d'une réussite une fête. C'est un moment de récompense, de soulagement, d'encouragement, de remerciement, etc.

- Célébrer la nature : La fête des saisons, des équinoxes ou des solstices, des processus de vie de notre Mère la Terre en général, qui nous reconnectent à elle. C'est un moment de gratitude et d'humilité face aux richesses et aux forces de la nature. On se retrouve égaux, frères et sœurs, enfants de la magie de la vie.

- Rites païens : Issus de notre histoire et de notre société, certains rites ont un sens à aller rechercher et sont des moments de convivialité. La chandeleur, la fête des morts, le carnaval, la fête de la bière ou de la choucroute sont tant d'occasions pour se rassembler.

- Les réunions d'organisation : Elles sont indispensables au bon fonctionnement de la communauté et permettent de se recentrer sur le projet, les raisons d'être et les objectifs de la communauté. Elles participent également à la gestion des conflits.

- Des activités collectives et d'épanouissement : Cercle de parole, groupe de partage, pratique et échange spirituel, atelier d'épanouissement personnel, art, musique, danse, chant ou théâtre, méditation, sport sont autant d'activités de cohésion en plus d'être des activités d'épanouissement.

- Des gestes du quotidien : Exprimer sa reconnaissance pour la nourriture reçue, l'animal sacrifié, pour du travail bien fait, s'encourager, se serrer dans les bras, sont des petits rites de la vie quotidienne qui entretiennent et apportent la reconnaissance, l'humilité, la gratitude.

- Toute activité, pratique, geste du quotidien tels que communiquer son état d'esprit au commencement d'une réunion, apporter des petits pains le dimanche matin, boire un verre le premier jeudi du mois, ou n'importe quoi d'autre, peut devenir un rite...

Les rites sont du ciment pour la communauté. Ils rythment les processus de fonctionnement, ils créent des moments riches, ils apportent la vie sociale nécessaire à l'être humain. Il ne faut donc pas les négliger, être créatif quant à l'élaboration et la mise en place de ceux-ci et rigoureux dans leurs applications (notez les rites les plus importants dans le calendrier !). On peut dire finalement que les rites définissent la communauté.

LA SPIRITUALITE ET L'ÉPANOUISSEMENT PERSONNEL

« Un individu s'accordera d'autant mieux avec les autres qu'il est bien accordé avec lui-même ». [36]

Pour s'épanouir, un être humain a besoin de spiritualité. Sans spiritualité offrant un but dans la vie, notre société a sombré bien bas.

Pendant longtemps, les croyances théologiques ont guidé les pas de l'homme. À l'époque du polythéisme, les croyances étaient placées dans la nature et ses forces, comme avec le dieu du vent, de la mer, du soleil ou de la lune. Ensuite, les religions monothéistes ont proposé à l'homme un rôle dans la création. Le rôle d'enfant d'un Dieu le père, créateur et protecteur. La religion inculquait les valeurs de charité et de partage, d'amour et de pardon.

Ensuite seulement la religion s'est vue comme un moyen de contrôler la masse et de s'assurer un pouvoir dit légitime. La religion quittait la spiritualité et introduisait la peur, l'opposé de l'amour. À la place de donner de l'amour, Dieu put se montrer inquisiteur, contraindre et punir. L'institution ultra puissante qui se bâtit sur notre théologie monothéiste, a façonné de son emprise toute notre société européenne actuelle. Le nouveau dogme de la science émergente permit de mettre fin à l'hégémonie de l'église dans les affaires des hommes. Cette

---

[36] Spinoza

libération se fera au coût de sa déconnexion avec son origine profonde : l'univers, la magie de la vie, le fragment d'un tout, la conscience incarnée sur la Terre Mère, une particule du vivant en équilibre. Le réductionnisme de la science fut nécessaire à sa création par la nécessité d'examiner chaque parcelle de notre univers afin d'établir des liens de causes à effets. L'homme fût ainsi séparé du système holistique, du grand tout. Ce pragmatisme ôta la magie de la vie, réduite au hasard de la rencontre de particules. Séparé et sans magie, l'être humain perdit le but de la vie et s'oublia dans un monde qui confond être et avoir.

La société a besoin d'un nouveau souffle en matière de spiritualité. Le dogme de la science qui isola l'homme tend quand même à nous montrer que la réponse à nos questions n'est pas mesurable avec des appareils (en tout cas actuellement), que nous sommes une parcelle du grand tout et que tout l'univers est en nous. Nous sommes conscience et la matière est énergie ! Avant de vous enfermer dans vos croyances, je vous propose d'adopter un esprit ouvert. Il est bon de rester critique et sceptique, de se poser des questions, mais il faut avant tout ne pas rejeter des informations ou des possibilités à cause de simples croyances. C'est ce que je vous propose dans le chapitre des – DIGRESSIONS SPIRITUELLES ET METAPHYSIQUES -.

Ma vision est que la réalité est interprétation et le libre arbitre est notre façon de créer. Le but de la vie est de vibrer, d'expérimenter à l'aide du libre arbitre. S'élever spirituellement est un cheminement de la conscience à travers la(/les) vie(s) vers ce qui nous semble bon et juste. L'univers est cyclique, comme un battement, comme la vie. L'univers est dualiste, mais le bien et le mal n'existent pas. Il y a le yin et le yang, le chaud et le froid, l'amour et la peur, le haut et le bas, l'avant et l'après qui n'existent en fait pas car il n'y a que le maintenant. L'univers est dualiste car l'un n'existe pas sans l'autre. Exister c'est être et être c'est expérimenter. C'est finalement par la volonté et l'expérience qu'il y a création, et densification de l'énergie.

Il peut être difficile pour vous d'adopter d'emblée ces convictions. Elles ne me sont pourtant pas apparues spontanément (comme à certaines personnes [37]), malheureusement. La croyance n'en serait que plus aisée. Il m'a fallu user de mon esprit de compréhension et observer toutes les informations autour de moi. La science, les croyances, l'archéologie, les mythes, les religions, les témoignages, l'intuition et l'exploration de la conscience sont tant d'informations à aller chercher pour reformer le puzzle de la magie de la vie.

Afin de vous partager ma réflexion, je vous invite à lire ma digression spirituelle et métaphysique ci-après.

La spiritualité est finalement importante pour la société/communauté car elle permet l'épanouissement personnel qui apporte le bien-être. L'évolution spirituelle est donc un but en soi et doit être cultivée. Une manière de la cultiver est d'apporter des outils dans des rites. Ces outils sont, entre autres : la relaxation, le silence intérieur, la visualisation, la méditation, les affirmations positives, la conviction, l'intuition, la gratitude et l'amour, le lâcher-prise, le rêve éveillé, le processus de création par les émotions-pensées-paroles-actions, etc.

« *La joie est passage d'une moindre, à une plus grande perfection* » [38].

Le bien-être est un état d'équilibre. Un équilibre avec son Moi intérieur, sa conscience supérieure. Une harmonie, un flux d'énergie qui circule librement. Cela nécessite d'être à l'écoute de ce Moi intérieur, de ses intuitions, de ce qui nous fait nous sentir bien, entier et profond. Il faut ensuite avoir le courage et l'audace de les vivre pleinement, de les accepter et de les exprimer librement.

Le contraire du bien-être est un déséquilibre, un état de stress, un blocage du flux énergétique. Cela émane d'un désaccord avec son Moi profond. Il faut alors accepter ce message qui nous invite à nous plonger dans nos décisions mentales qui nous ont amené à ce déséquilibre, pour nous permettre de faire un choix sur ces décisions.

---

[37] Un cours en miracles, Helen Schucman et William Thetford, publiés en 1976.
   Conversation avec Dieu, un dialogue hors du commun, Neale Donald Walsh, 1997.
[38]   Spinoza

Vivre en communauté par les *valeurs primordiales* demande une sagesse profonde. Quel que soit le cheminement individuel vers l'éveil spirituel ou philosophique, l'envie de progresser dans la compréhension de son état, la gestion de ses émotions, son affect, ses pensées, ses paroles et ses actions, doit faire partie des objectifs de vie de chaque individu. Promouvoir ce principe doit donc faire partie des mœurs de la communauté. Cela passe par l'éducation des plus jeunes dans ce sens. Ils deviendront alors garants du système de valeurs, socle de la société. Il faut cependant implémenter ce nouveau système de valeurs à la première génération de révolutionnaire, la nôtre, qui redéfinit la manière de vivre. La recherche du bonheur. Comment vivre avec soi et vivre avec les autres ? C'est par la culture de cette recherche de bien-être et d'évolution personnelle que la communauté peut faire changer son système de valeurs. Il est donc indispensable que les rites de la communauté s'orientent, en partie, sur la spiritualité et sur l'épanouissement personnel.

Les croyances en la métaphysique ou en l'état d'Être ne doivent cependant pas devenir un dogme. La liberté de croyance doit permettre à des systèmes de pensées différents ou religions (si celles-ci offrent encore un sens moral) de cohabiter, dans la tolérance. Mais la cohésion du groupe ne sera maintenue que si les *valeurs primordiales* restent en accord avec toute identification à un autre système de valeurs (culturel, religieux, etc.). Une grande ouverture d'esprit est à rechercher afin que les différentes croyances soient le terreau d'une recherche de sens par l'échange, la discussion, la pratique, mais toujours dans le but d'augmenter la joie, le bonheur, la béatitude et la beauté.

Quelle que soit la conception cosmique de l'univers de chacun, les moyens nécessaires pour mûrir et devenir plus sage restent les mêmes pour tous. Communiquer, relativiser, se garder de tout jugement, comprendre ses désirs vrais plutôt que ses envies (ses désirs illusoires), pardonner, aimer, etc., sont des savoirs communs à acquérir, donc à apprendre. Une société/communauté qui s'éduque dans ce sens garde le cap.

« Le moteur du changement n'est pas la raison ou la volonté (qui sont des pensées pures), mais le désir. » [39]

La force du désir est liée aux sentiments de joie. Les désirs sont notre force vitale et doivent être orientés vers des éléments adéquats pour nous, qui augmentent notre énergie vitale, par l'utilisation de la raison et de la réflexion.

L'ECONOMIE ET L'ASPECT PECUNIER

Le système monétaire se doit d'être un outil au service de la société/communauté. Si on peut se passer d'argent dans des petites structures, des structures familiales ou tribales, il est illusoire de penser s'en passer à plus grande échelle. Il est nécessaire de pouvoir échanger des biens et des services et il est naturel, lorsqu'on échange à plus grande échelle, de s'assurer une forme d'équitabilité. Ce qui est important est de mesurer cette équitabilité sur base de critères choisis dans le nouveau système de valeurs et non dans l'ancien avec un but d'accumulation. Equitable veut donc dire juste envers les deux parties, raisonnable, selon ses besoins et selon les efforts nécessaires. Cette mesure est en partie subjective car il est difficile de donner un prix à des choses subtiles. Quand vous dites à un ami, « c'est pour moi, ça me fait plaisir », vous mesurez la valeur de votre argent, l'effort fourni pour l'acquérir contre le plaisir que vous avez à partager, à offrir, à faire plaisir et le bénéfice que vous pourriez tirer de cet argent autrement. Vous partagez de bon cœur lorsque vous estimez que le bien que vous partagez ne vous manquera pas excessivement.

Afin que l'argent reste un simple outil et ne devienne pas une quête en soi, il est important d'en limiter ses besoins. Pour se faire, il faut se libérer du piège de notre modèle de société actuel et éviter les gros endettements. À l'heure actuelle, il faut bien faire (éventuellement) un investissement sur l'implantation d'un habitat, mais il est également possible de limiter ses besoins par le mode de consommation. Si

---

[39] Spinoza

l'habitat était gratuit pour tout le monde, la quantité d'argent que vous devriez générer pour vivre sobrement ne représenterait pas un enchaînement. D'où, d'ailleurs, l'idée de partager les terres dont l'occupation ne crée pas un manque excessif à leurs propriétaires. L'épanouissement personnel et la spiritualité sont également un chemin vers la sobriété monétaire car on se détache du superflu et s'attarde à collecter le vrai bonheur, qui est en nous et en la nature, et non dans les objets. Ne me faites pas passer pour un moine en vous disant de vous passer de toutes joies futiles, amusantes, funs et légères, au contraire, l'amusement et la légèreté font partie de l'épanouissement. Il s'agit de les mettre en balance avec ce qui est vraiment important.

L'équilibre entre l'autonomie monétaire et la connexion (ou l'isolement) avec la société actuelle (société monétaire) est un vrai questionnement et doit être un choix personnel. À fortiori, l'autonomie alimentaire, énergétique et en ressources (telles que du bois, de l'eau, les matières premières pour la construction, etc.) facilite cet équilibre mais est un atout qui dépend, au moins en partie, de la communauté et pas uniquement de vous. Au sein de la communauté, il me paraît important de garder la liberté pour chaque individu de gagner son argent selon ses envies et ses besoins.

À l'échelle de la communauté, voici les questions à se poser pour faire face au pragmatisme de nos besoins pécuniers :

- Comment financer des projets, des infrastructures communes, etc. ?
- Comment répartir les charges communes ?
- Comment quantifier l'apport d'argent contre du labeur, du temps, du savoir-faire ou de la connaissance ?

Sans vouloir, ou être capable de, répondre clairement à ces questions, je vais essayer d'en apporter des parties ou des pistes de réflexion. Pour commencer, il me semble que l'échange et le partage, de manière générale, d'une part, et la répartition et l'endossement de charges financières, d'une autre part, doivent permettre l'épanouissement de chaque individu en tenant compte de ses capacités et de ses limitations intrinsèques. Cette idée forme un principe d'entraide, une forme de sécurité sociale liée aux limitations et capacités de la personne, et non pas à sa volonté.

Pour les investissements, dans le même ordre d'idée, il me semble naturel qu'une personne ayant plus de moyens pécuniers et/ou générant plus d'argent participe à plus grande échelle à un investissement qu'une personne n'ayant pas cette capacité. Cela ne se fait pas dans une idée d'imposition mais par un libre choix. Si vous avez une épargne pour investir dans un terrain, allez-vous refuser dans votre projet de communauté toute personne incapable d'investir une certaine somme ? Il n'est pas envisageable d'établir une hiérarchie au sein de la communauté sur base du montant d'investissement au risque de retomber dans l'ancien modèle ! On peut en revanche envisager un équilibrage de la charge par un autre type d'apport : temps, labeur, savoir-faire, connaissances, etc.

Pour ce qui est des charges financières communes, il en est de même, mais pas tout à fait. Ces charges représentent le coût de la vie sur place et sont en principe une somme relativement modeste (par rapport à un investissement) bien qu'elles puissent augmenter de manière inversement proportionnelle au niveau d'autonomie de la communauté (location, énergie, alimentation, etc.). Il paraît, de prime abord, naturel de diviser ces charges financières en parts égales (ou pondérées en fonction des caractéristiques d'un individu, comme un enfant, par exemple), mais si une personne n'est pas à même de fournir cet apport financier, il faut pouvoir contribuer différemment. Le cas est, selon moi, différent si cette personne ne contribue pas à la part financière par choix ou par capacité/limitation. Si c'est par choix, il sera naturel que cette personne contribue d'une autre manière à la vie de la communauté (temps, labeur, savoir-faire, etc.). Si c'est dû à une capacité, l'entraide et le partage entreront en jeu. Une méthode simple de gestion des coûts et du labeur de la vie quotidienne est la contribution libre. Un crédo : la visibilité. La clé de voûte de ce fonctionnement est une totale transparence et visibilité des comptes et du travail fourni. Ainsi les membres de la communauté savent quels sont les montants financiers et l'implication en temps et en labeur nécessaires au fonctionnement de la communauté. Sur cette base, ils peuvent décider de leur contribution, qui sera à priori au moins une part équitable. Si une personne ne sait, ou ne veut pas mettre dans le financier ou le travail fourni, il peut compenser librement dans l'autre domaine. C'est un équilibre naturel qui s'installe. Pour garder cet équilibre, il faudra veiller aux ajustements nécessaires par une méthode de gestion liée au système de gouvernance. Il s'agit à nouveau de communication et de gestion de conflit.

Maintenant, comment quantifier du temps passé à travailler pour la communauté ? Cela peut dépendre d'énormément de critères : la pénibilité, le temps, le niveau de savoir-faire nécessaire, l'économie que cela représente s'il fallait payer un service, le résultat, la valeur qualitative ou la valeur quantitative ? Quantifier ce genre de chose est subjectif et demandera donc consensus. Je ne pense pas qu'il faille jouer les apothicaires et tout quantifier précisément. Ici encore, la participation volontaire me paraît la solution la plus naturelle. La juste participation dépend de la connaissance qui découle de la visibilité, de la communication (en réunion ou autre) et de la responsabilité ressentie envers la communauté. Cette responsabilité est le fruit d'une bonne cohésion sociale, d'un sentiment d'appartenance et d'une légitimité du système de fonctionnement, le tout dans le cadre du système de *valeurs primordiales*.

Si, à l'échelle de la communauté, il y a tous les outils pour permettre des échanges libres, l'économie à plus grande échelle demande d'autres outils. Bien sûr, et heureusement, on peut toujours contribuer à un projet par simple altruisme et partage mais, dans l'ensemble, les échanges demandent une forme d'équitabilité. Le troc est une bonne manière de faire des échanges, aussi bien de services que de biens, sans devoir recourir à l'argent. On peut penser au « SEL » (Service d'Echange Libre) qui existe déjà en beaucoup d'endroits. Une autre pratique promouvant l'économie locale, intercommunautaire, entre acteurs du changement, sont les monnaies locales. La monnaie locale permet de valoriser et favoriser les acteurs locaux qui partagent des valeurs. Elle crée un réseau et a un bienfait pour la recherche de l'écologie, la juste rémunération (comparé aux effets pervers de la mondialisation), l'artisanat, etc. Elle assure une circulation locale des biens et renforce l'autonomie et la résilience à un niveau local. C'est un outil très puissant pour solidifier les liens intercommunautaires et avec les acteurs locaux, ainsi que pour maintenir les capitaux investis localement dans les projets porteurs et éviter que ceux-ci ne s'évaporent dans la grosse économie. Evidemment, ce sont bien les intentions et les principes qui sont derrières qui permettent tout ça, et non la monnaie elle-même, vous pouvez agir avec votre argent de la même manière que vous le faites avec un bulletin de vote.

Et pour ce qui est de l'économie au sens large, à grande échelle ? De manière réaliste, les échanges se feront de manière financière. Comment devenir acteur dans ce modèle économique sans retomber dans les entraves de l'ancien système ? Je considère ici être acteur de projets qui ont un but de production, que ce soit de services ou de biens. Le principe est de pouvoir proposer un produit qui va profiter à d'autres, à grande échelle, et pour lequel on se rémunère financièrement pour le travail fourni. Cela permet d'alimenter nos besoins financiers mais doit garder comme objectif le bien commun et non l'enrichissement. Si vous produisez de la nourriture de qualité, dans le respect de la terre et de ses habitants, il est juste d'obtenir récompense pour ce labeur. Par la même occasion, vous offrez à d'autres la possibilité de manger sainement et de se procurer de bons produits. C'est comme un échange économique standard mais en se basant sur le système de *valeurs primordiales*. C'est-à-dire que le projet ou le produit fourni est réalisé dans une idée d'épanouissement, de bien commun et de respect. Si l'économie respecte ces principes, les projets économiques sont à encourager. Non seulement pour la qualité, la plus-value apportée, mais également pour l'épanouissement des personnes qui réalisent un projet qui a du sens. Mettre en route un commerce qui réutilise des matériaux que l'on recycle donnera, par exemple, envie d'y dépenser son argent et sera valorisant pour ses entrepreneurs. Dans ce cas, l'investissement financier ne doit pas être un frein, en veillant, bien entendu, à ce que le projet puisse s'auto-financer à terme. Le principe de "crowdfunding" (financement participatif) fonctionne très bien pour ce genre d'économie car les gens contribuent volontairement et généreusement sur base des bienfaits du projet. On crée ainsi une économie participative ou les acteurs apportent une plus-value au bien commun et où la rémunération n'est pas exagérée, et non dans un but purement lucratif.

Un exemple remarquable dans l'élaboration d'un système communautaire qui œuvre pour le bien des êtres et de la nature, se basant sur un système d'économie locale innovant et intégrant les *valeurs primordiales*, est l'association *TERA* en Lot-et-Garonne, en France. Les mécanismes et les principes financiers s'inspirent du système économique actuel mais le transposent à l'échelle humaine et de la nature afin de faire vivre des communautés et une région. C'est l'application d'une économie 2.0 qui a pour but d'apporter une souveraineté et une autonomie de 85% des besoins, de manière écologique, responsable et sociale. L'introduction d'un revenu minimum inconditionnel à des acteurs qui créent de la plus-value dans la communauté permet l'épanouissement personnel, une distribution des tâches équitable et un équilibre naturel qui est très inspirant. Le but d'un revenu minimum inconditionnel est également de valoriser des activités qui n'ont pas forcément un rendement économique car en lien avec un service social, culturel ou de bien commun. L'agriculture, qui est une activité qui peut demander actuellement de travailler 70h par semaine sans prendre de vacances afin d'être économiquement rentable, est également un domaine valorisé par ce revenu minimum inconditionnel. Cela attire plus de jeunes à faire de l'agriculture sans le devoir de productivité maximale qui oblige une rentabilité irrationnelle. Finalement, être assuré d'un revenu minimum permet de s'adonner à des activités qui nous font sens même si elles ne génèrent pas d'argent. Cela ne veut évidemment pas dire qu'il ne faut vivre qu'avec un salaire minimum ; des activités lucratives en parallèle, de production de biens ou de services, permettront de mettre la barre au niveau d'équilibre monétaire choisi par chaque individu. Je vous invite à aller vous informer sur leur site : https://www.tera.coop/ .

DIGRESSIONS SPIRITUELLES ET METAPYSIQUES

Qu'est-ce que la vie ? Cette question est la question à laquelle on tente de répondre lorsque l'on cherche un sens, un but, une raison à notre expérience de la vie sur terre. Il me semble que les motivations que l'on peut avoir dans le cheminement de sa vie varient si on considère notre existence comme le fruit d'un hasard, résultat aléatoire qui a permis la complexification de la matière jusqu'à la création d'êtres vivants pensants et conscients, ou comme une forme d'interprétation d'une certaine réalité suite à la volonté d'une certaine conscience. N'ayant pas de croyance religieuse de la conception de la vie, ma première démarche pour répondre à cette question fut la réflexion scientifique.

Ma réflexion et, finalement, les croyances que je me suis forgées sur la métaphysique de notre univers me sont venues initialement d'une réflexion cartésienne telle que ma formation technique d'ingénieur civil m'a été enseignée. Il est ironique pour moi de penser que le dogme scientifique cartésien, qui a forgé notre société contemporaine depuis la révolution Copernicienne, changeant les manières de penser et les conceptions métaphysiques anthropocentrées, nous pousse à croire, à l'heure actuelle, que la réponse à ce qu'est l'univers est de l'ordre du subtil, presque spirituel, et insondable par nos techniques. Il est important, selon moi, d'étudier ce qu'est la vie d'une manière scientifique pour pouvoir ensuite comprendre et admettre ce qu'est la vie à un niveau spirituel. En effet, pour garder un esprit ouvert et analytique, il m'a fallu comprendre les interactions qui régissent notre monde ainsi que les limitations de la science à décrire l'entièreté des phénomènes que nous connaissons.

À l'époque de la révolution Copernicienne qui détrôna l'être humain de son règne en tant que nombril du monde, le chamboulement dans les croyances du peuple effrayait beaucoup. La religion ne permettait pas ces changements de croyances et imposait une vision anthropocentriste stricte, un univers créé pour et autour de l'homme par un dieu tout puissant, autoritaire et arbitre. Ces changements étaient tellement inconvenants qu'il était juste et bon de se faire brûler si on était jugé hérétique par l'église. Finalement, et heureusement, la science réussit à détrôner la vieille vision de la religion catholique qui contribua à façonner l'Europe au moyen-âge. Les prenant des mains de Dieu, les réponses cosmologiques et les lois physiques ont redonné les rôles de créateur et de magicien à la science en décrivant et expliquant tous les mécanismes observables. Cette conception a changé notre société. Elle a permis à l'humanité de franchir une étape, de passer à l'ère industrielle où la technologie propulsa l'être humain à un nouveau stade de l'évolution. Et c'est à partir de ce moment que l'impact des êtres humains sur la planète changea brutalement de niveau, de plusieurs niveaux même, mais en mal malheureusement. Et c'est également à cet instant-là que l'être humain s'est finalement coupé d'une partie de son Être profond, de sa connexion au reste du monde du vivant, à la Terre, à l'Univers.

Cadre de pensée actuel, que nous dit donc la science sur notre métaphysique ?

CE QUE LA SCIENCE NOUS DIT

Passons la période initiale pendant laquelle les premières visions scientifiques sont venues compromettre les conceptions d'univers anthropocentré, grâce à Copernic (XVème siècle), entre autres, qui définit et défendit l'héliocentrisme. C'est cette période qui fut appelée révolution Copernicienne, car elle changea la vision de l'univers. D'un univers centré sur la terre, on passa à un univers centré sur notre soleil.

Allons directement à la période pendant laquelle la compréhension de notre univers s'accéléra grâce à la description scientifique et aux lois physiques. Les lois de la physique ont d'abord décrit les interactions macroscopiques. Pour commencer avec les fondements de notre dogme scientifique, nous avons les lois de Newton (1643-1727) décrivant le mouvement et définissant la force de gravité :

- 1ère loi de Newton : Tout objet demeure immobile, ou se déplace en ligne droite à vitesse constante, tant qu'aucune force ne vient le perturber. Principe d'inertie.
- 2ème loi de Newton : Lorsqu'une force s'applique sur un objet, elle engendre une accélération égale à la force divisée par la masse de cet objet ou $F = m * a$.
- 3ème loi de Newton : Pour toute action, il y a une réaction de même intensité en sens opposé. Action – réaction, c'est la fusée qui est propulsée dans les airs pendant qu'elle expulse par ses réacteurs des grandes quantités de gaz à toute vitesse hors de sa chambre de combustion.

Il y a eu ensuite les équations de Maxwell. Elles constituent, avec l'expression de la force électromagnétique de Lorentz, les postulats de base de l'électromagnétisme.

Ces équations traduisent, sous forme locale, différents théorèmes (Gauss, Ampère, Faraday) qui régissaient l'électromagnétisme avant que Maxwell ne les réunisse sous forme d'équations intégrales. Elles donnent ainsi un cadre mathématique précis au concept fondamental de champ introduit en physique par Faraday dans les années 1830. Au cours de la première moitié du XIXème siècle, Faraday développa les concepts clés de lignes de force et de champs électrique et magnétique. Un champ magnétique variable induit toujours un champ électrique, de même un champ électrique variable induit toujours un champ magnétique. Il put ainsi inventer le moteur électrique et la dynamo. Les équations de Maxwell condensèrent tout ce qui pouvait être dit sur les champs électriques et magnétiques. Ces équations remplissent, dans la théorie des forces électromagnétiques, un rôle équivalent aux lois de Newton en mécanique.

Ainsi donc, un électron qui s'agite produit une onde à la fois électrique et magnétique, dite onde électromagnétique.

Thomas Young (1773-1829) démontra, il y a deux-cents ans, que la lumière se comporte comme une onde. L'expérience de Young consista à faire passer de la lumière à travers deux fentes côte à côte percées sur un écran, pour ensuite observer les rais de lumières sur un deuxième écran. La distribution spectrale des rais de lumière indiqua le caractère ondulatoire de celle-ci. En ce XIXème siècle, les scientifiques stupéfaits découvrirent que combiner deux rayons de lumière pouvait donner du noir.

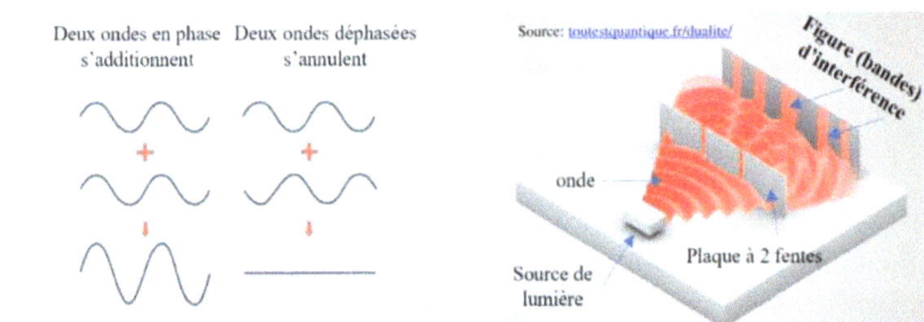

Grâce à la physique Newtonienne et à l'électromagnétisme décrit par les équations de Maxwell, la physique a pu expliquer parfaitement les interactions à une échelle macroscopique. La révolution quantique, qui décrira les interactions à une échelle microscopique, commença par l'observation de la radiation des corps noirs. Un corps noir ne rayonne pas de lumière lorsqu'il absorbe un rayonnement (d'où le nom de corps noir) mais rayonne des ondes de fréquences et d'énergies particulières en fonction de sa température lorsque celui-ci est chauffé. Parce que l'énergie dégagée par un corps noir ne suit pas la description des lois électromagnétiques indiquant que l'énergie dégagée doit être proportionnelle à sa la longueur d'onde, Max Planck (1858-1947) proposa en 1900 un modèle expliquant ce phénomène à l'aide de petits parquets d'énergie, les « quanta ». Il fit l'hypothèse que la lumière, plutôt qu'une onde lisse et continue, soit constituée de paquets. Ainsi apparut la dualité onde/particule de notre réalité. Einstein démontra en 1905 l'exactitude de cette hypothèse par l'étude et l'explication de l'effet photoélectrique (fondement de la technologie des panneaux photovoltaïques), ce qui lui valut son prix Nobel en 1921.

En 1913, Niels Bohr, se basant sur la toute nouvelle physique quantique, décrivit l'atome tel que nous le connaissons aujourd'hui. Ce modèle représente l'atome comme un noyau constitué de protons et de neutrons, autour duquel les électrons tournent sur des orbites, ou des couches d'énergies spécifiques, et décrit la manière dont les électrons remplissent ces couches ou en changent par absorption ou rayonnement de photons. Ce modèle permit de décrire les interactions chimiques et fut confirmé par la signature spectrale spécifique des atomes suivant leur composition. Niels Bohr reçut pour cela le prix Nobel en 1922.

Mais la physique quantique ne s'arrêta pas là. Elle nous révéla, dans les années 80, la nature probabiliste, non déterminée, de notre univers et l'interaction de l'observation avec les phénomènes physiques. L'expérience des fentes de Young appliquée, non plus à la lumière, mais à des électrons, démontra la même dualité onde/particule à tout élément quantique (à l'échelle des particules). L'expérience des fentes montra que des électrons projetés un-à-un à travers un écran percé de deux fentes provoquaient une unique tâche de lumière sur un écran situé derrière, telles des particules, mais que l'accumulation de ces tâches, lorsqu'on projette un grand nombre d'électrons, forme le schéma d'interférence spectral caractéristique d'un système d'ondes. Cette caractéristique onde/particule des électrons ne permet plus de prédire la position précise d'une particule, telle que le fait la mécanique Newtonienne (en connaissant les conditions de départ que sont la position, la direction et la vitesse), mais uniquement en termes de probabilité. Le principe d'incertitude d'Heisenberg en 1927 stipula, entre autres, qu'une particule, entité quantique, ne peut être dans une position précise et avoir en même temps un moment - donc une vitesse - précis. Les physiciens durent alors accepter une interprétation de la physique quantique qui stipule qu'un système n'existe dans aucun état clairement défini tant qu'on n'en a pas observé les caractéristiques. Cette loi lie l'observation, le fait d'observer, à la réalité. Ce comportement est, et fut, bouleversant en terme de conceptualisation de la métaphysique de notre univers. Pour illustrer ce paradoxe qui était alors difficilement concevable pour les physiciens qui firent ces découvertes, Einstein déclarait qu'il ne voulait pas croire que Dieu joue aux dés, et Erwin Schrödinger (1887-1961) voulait en montrer l'absurdité par son explication que l'on connait maintenant comme l'expérience du chat de Schrödinger : Imaginez un chat enfermé dans une boite, dans laquelle se trouve un dispositif composé d'un marteau retenu par un élément radioactif, au-dessus d'un flacon de poison gazeux. Grâce à la description probabiliste de la physique quantique quant à la désintégration de l'élément radioactif dont on connait la demi-vie, on connait la durée après laquelle il y a 50% de probabilité qu'il soit désintégré. Après cette durée, on peut dire, sans regarder dans la boite, qu'il y a 50% de chances que le chat soit mort et 50% de chances que celui-ci soit vivant. Mais l'interprétation de la physique quantique nous dit également que, tant qu'on n'ouvre pas la boîte, le chat existe dans la superposition de plusieurs états, il est à la fois mort et vivant, ou à la fois moitié mort et moitié vivant.

On pourrait croire qu'il s'agit là uniquement d'une interprétation de l'esprit, mais la mécanique quantique n'a pas fini de nous étonner et de nous interroger sur la métaphysique de notre univers. Pour en arriver là, il fallut attendre quelques décennies d'expérimentations et les notions de relativités apportées par Einstein avec la Relativité restreinte en 1905 et la Relativité générale en 1915. Avec ses théories, Einstein établi la vitesse constante de la lumière comme vitesse maximale autorisée dans l'univers ; l'équivalence espace et temps ; l'équivalence matière et énergie ; et l'équivalence accélération et gravité.

La Relativité restreinte est dite restreinte car elle s'applique uniquement à la géométrie euclidienne qui traite du plan et de l'espace. Elle ne sera valide que pour des repères en mouvement rectiligne uniforme par rapport aux autres. La notion de relativité affirme d'abord que les phénomènes de la nature se déroulent selon les mêmes lois quel que soit le système de référence envisagé. Seule la façon de les décrire peut varier. Imaginez un observateur dans un train roulant en ligne droite à vitesse constante le long d'un talus sur lequel un autre observateur est immobile. Imaginez ensuite un oiseau volant en ligne droite le long du talus à vitesse constante. Pour les deux observateurs, l'oiseau aura un mouvement rectiligne uniforme, mais les vitesses et déplacements observés seront différents d'un repère à l'autre. Il n'y a rien d'extraordinaire ici, mais la loi de la propagation de la lumière selon Einstein (qui est constante quel que soit le repère) va à l'encontre de la simple relativité par addition des vecteurs vitesses et de notre simple logique. Imaginez maintenant qu'il y a un orage au-dessus de notre talus et que deux éclairs tombent au même moment, l'un en un point A, l'autre un peu plus loin en un point B. L'observateur immobile sur le talus se trouve pile au milieu, en un point M, à égale distance de A et B. Il observera les deux éclairs simultanément. Considérons maintenant l'observateur dans le train en marche et se situant également au point M au moment des éclairs. Etant donné que le train est en mouvement dans le sens A vers B, le temps que la lumière parvienne du point A jusqu'au train, celui se sera déplacé et rapproché du point B. Il faudra alors plus de temps à la lumière pour parvenir du point A que du point B en rapprochement. L'observateur dans le train verra donc l'éclair en B avant l'éclair en A. Il n'y a plus de simultanéité et le temps dans le train n'est pas le même que le temps sur le talus, contrairement à ce qu'affirme la physique classique. La simultanéité n'a de sens que si on décrit le système de référence. De même, par réciprocité, la notion de distance, par mesure de déplacement en fonction du temps, est également relative au système référentiel. Pour un voyageur qui serait capable de se déplacer à une vitesse proche de celle de la lumière, le temps s'allongerait et les distances raccourciraient par rapport au temps et à l'espace de quelqu'un qui resterait sur la terre. Les variations d'espace et de temps paraissent insignifiantes à notre échelle car la vitesse de la lumière est de 300 000 kilomètres par seconde et qu'il faut soit une mesure infinitésimale pour les détecter, soit se rapprocher de la vitesse de la lumière. Mais la théorie de la Relativité d'Einstein a été scientifiquement prouvée par la mesure du temps avec des horloges atomiques excessivement précises. Les résultats ont été obtenus en plaçant des horloges parfaitement synchronisées dans deux avions se déplaçant en sens opposé, l'un faisant le tour de la terre dans la direction de rotation de celle-ci, l'autre en sens inverse. Après un certain laps de temps, les horloges montrent un décalage l'une de l'autre. Le temps n'est donc pas constant mais bien relatif !

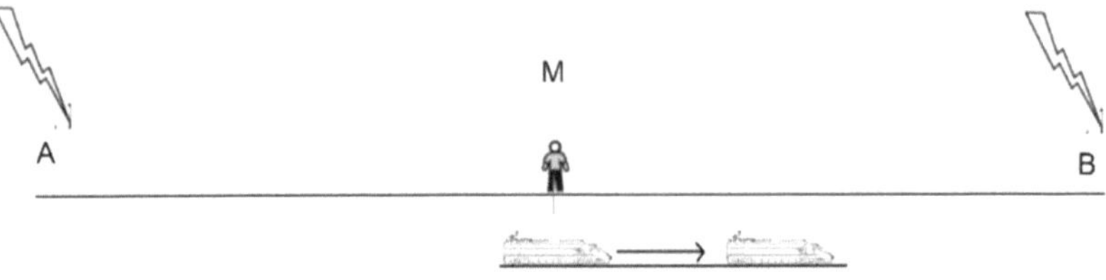

La théorie de la Relativité énonce également la formule bien connue : $E = m * c^2$, mettant en relation l'énergie E et la matière m (c étant la vitesse de la lumière). Elle démontre que l'énergie, c'est de la masse, donc de la matière, et inversement, la matière est énergie ! Cette notion sera renforcée par la décomposition de la matière en sous-particules atomiques dont nous ne sommes pas capables de mesurer la masse. Mais avant de découvrir le monde des particules élémentaires, attardons-nous à la Relativité générale.

La Relativité générale introduit les mouvements de rotation et les variations de vitesse dans les mouvements considérés. Elle applique donc les notions de Relativité restreinte aux mouvements quelconques, donc à l'ensemble de notre univers. Les différentes notions s'appliqueront donc, non seulement à notre train en mouvement rectiligne uniforme, mais également à ce train qui aborde des courbes ou subit des accélérations. En englobant les accélérations, la Relativité générale intègre la gravitation. Effectivement, les effets de la gravitation sont ressentis de la même manière que celle d'une accélération. Imaginez un observateur dans une grande boite située dans l'espace, loin de toute influence gravitationnelle. Pour lui, la pesanteur n'existe pas. Maintenant, imaginez que cette boite est attachée à un vaisseau spatial qui accélère avec une accélération constante vers le haut. L'observateur est projeté vers le plancher et doit absorber la pression avec ses jambes. De plus, s'il lâche une balle tenue dans sa main, celle-ci, n'étant plus reliée à la boite par l'observateur, tombera comme le fait la pomme dans le champ gravitationnel de la terre.

La surprise suivante de la Relativité générale est que la gravitation, ou une accélération, différente modifie également la notion de temps. Elle prédit que le temps s'écoulera plus rapidement dans un champ gravitationnel moins important. Cela fut également prouvé scientifiquement à l'aide d'horloges atomiques. Ainsi, parmi deux horloges parfaitement synchronisées, une horloge est placée au-dessus d'une haute tour et l'autre au pied de celle-ci (la force de gravité est inversement proportionnelle à la distance au carré). Il a effectivement été observé, après un certain laps de temps, que l'horloge qui était au sommet avançait par rapport à l'horloge restée au pied de la tour. Le temps varie donc avec la gravité, et si vous vivez en altitude pendant toute votre vie, vous serez quelques fractions de secondes plus vieux qu'une personne étant née au même moment que vous et ayant vécu au niveau de la mer.

Finalement, appliquée aux astres et aux corps de très grandes masses, la Relativité générale explique les interactions entre ceux-ci et leurs mouvements. Voici l'interprétation des champs gravitationnels : L'univers est constitué d'un maillage plat, l'espace-temps (en quatre dimensions), déformé par la masse des objets qui s'y trouvent. Plus la masse de l'objet est grande, plus le maillage est déformé. Le champ de gravité déforme l'espace-temps, à la manière simpliste, en deux dimensions, d'une toile tendue sur laquelle sont posées des billes plus ou moins lourdes. La toile se déforme autour de la bille qui plonge dans son trou. La toile est courbe au voisinage de la bille et perd sa courbure à grande distance pour devenir plate. Une planète tournant autour de son étoile suit la trajectoire de plus courte distance suivant cette surface courbée. La physique classique ne peut pas expliquer les mouvements proches de champs gravitationnels très importants, ou lorsque les vitesses se rapprochent de celle de la lumière, là où la Relativité générale y parvient. Elle explique en outre la courbure de la lumière (qui n'a pas de masse, donc qui ne subit pas la force de gravité selon Newton), que suit la courbure de l'espace-temps proche d'objets de très grandes masses. En 1919, des observations astrologiques à proximité d'astres de grandes masses donnèrent raison à la théorie d'Einstein. La science n'a actuellement pas d'autre explication à donner quant à la nature de la force de gravitation, si ce n'est cette déformation de l'espace-temps ! La théorie prévoit également l'existence de trous noirs, objets dont le champ de gravitation engendre la courbure de l'espace-temps jusqu'à une discontinuité. La masse de ces objets est si grande, qu'à partir d'une distance de non-retour, toute particule est emprisonnée en son sein, de telle sorte que même la lumière ne peut s'en échapper. Ces objets, initialement hypothétiques et largement contestés par les scientifiques, furent finalement observés à partir de 2015 par le biais de leurs ondes gravitationnelles, mais demeurent un grand mystère et l'objet d'hypothèses étonnantes.

Retournons maintenant dans l'étude de la physique de l'infiniment petit, la physique quantique. Au cours des années 60, certaines expériences conduisirent à penser que les protons et les neutrons qui forment le noyau de l'atome n'étaient pas réellement des particules fondamentales, indivisibles, mais qu'elles possédaient une structure interne, contrairement à l'électron qui semblait une particule non sécable. Murray Gell-Mann et George Zweig, en 1963 et 1964, proposèrent le modèle et la théorie des quarks, sous-particules constituant la matière. Des observations faites en projetant des électrons sur des neutrons et des protons à des vitesses extrêmement grandes dans des accélérateurs de particules de plusieurs kilomètres de long, confirmèrent la théorie de Murray Gell-Mann récompensée du prix Nobel en 1969. Ces sous-particules sont de charges électriques très faibles et leur cohésion est régie par la force dite nucléaire forte. Ainsi, de même qu'en électromagnétique, on dit que les forces s'exerçant entre particules chargées sont transportées par des photons, les forces entre quarks sont transportées par des gluons (venant de mot « glue »), particules semblables aux photons. Travaillant à des niveaux microscopiques si petits et avec des phénomènes difficilement observables, la physique quantique se base encore sur des modèles théoriques. (Il faudrait élever des particules à des millions de degrés, températures atteintes dans les étoiles ou au commencement de l'univers, pour observer ces phénomènes). Cependant, une prédiction telle que l'existence du boson de Higgs, sorte de quanta d'énergie, expliquant l'interaction nucléaire faible de certaines particules et le fait que certaines particules aient une masse ou non, a été confirmée expérimentalement en 2012. Cela montre que nos modèles théoriques s'affinent dans la description de la matière, mais il reste une part de mystère et nous ne pouvons expliquer que des fragments du puzzle à l'aide de concepts scientifiques et mathématiques. On observe, en outre, qu'au fur et à mesure des avancées de la science, la matière se découpe en des sous-particules de plus en plus petites, dont certaines sont dépourvues de masse, et sont des petits paquets d'énergie.

La théorie de la mécanique quantique nous révèle également un phénomène étonnant connu sous le nom d'intrication quantique ou enchevêtrement quantique. C'est un phénomène dans lequel deux particules (ou groupes de particules) forment un système lié, et présentent des états quantiques dépendants l'un de l'autre quelle que soit la distance qui les sépare. Un tel état est dit « intriqué » ou « enchevêtré », parce qu'il existe des corrélations entre les propriétés physiques observées de ces particules distinctes. Ce concept contradictoire avec le principe de localité d'Einstein, selon lequel des objets très distants ne peuvent avoir d'influence l'un sur l'autre, a été présenté comme le paradoxe d'EPR. Du nom de ses inventeurs Einstein-Podolsky-Rosen, cette expérience de pensée proposée en 1935 voulait montrer l'inexactitude de l'interprétation probabiliste de la réalité par la mécanique quantique. Imaginons une particule qui se désintègre en deux photons A et B polarisés soit horizontalement, soit verticalement. En supposant que le moment cinétique du système est nul, la conservation de celui-ci impose aux deux photons d'avoir des polarisations opposées. Rien ne permet à priori de connaître la direction qu'ils vont prendre. Mais si A est polarisé verticalement, alors B doit être polarisé horizontalement, ou inversement. Prenons nos instruments de mesure et mesurons la polarisation : le photon A est polarisé verticalement et le photon B est effectivement polarisé horizontalement. La mécanique quantique nous dit que le photon A ne peut avoir de polarisation précise avant d'être capté par l'instrument de mesure car il aborde une physionomie d'onde et est susceptible de prendre les deux états polarisés sous forme probabiliste. Mais lorsqu'on mesure la polarisation de A, quelle que soit la distance entre le photon A et B, le photon B doit alors obligatoirement se polariser perpendiculairement. Si, au moment de la création des photons, la polarisation n'était pas déterminée, comment le photon B peut-il savoir l'état dans lequel il doit se trouver après la mesure ? Ce paradoxe ne pouvait, selon Einstein, avoir de réponse que si la nature de ces photons était déterminée au moment de leur création, l'information ne pouvant être supra-luminale. Einstein avait cependant tort et les expériences en laboratoire ont toujours donné raison à la mécanique quantique. Mais ce paradoxe n'en était un que si on considère la réalité localisée sur chacun des deux photons. Il est balayé si nous acceptons l'idée que les deux photons, même séparés par des milliards d'années-lumière, font partie, avant d'être enregistrés par les instruments de mesure, d'une même totalité, qu'ils sont en contact permanent par une interaction mystérieuse. Ainsi, le photon B sait instantanément l'état du photon A. La réalité n'est plus locale mais globale. Il n'y a plus d'ici ou de là. Tout est connecté et ici est identique à là. Ce phénomène a été démontré par l'intrication de deux électrons séparés de 1300 km en 2015 et à différentes reprises et pour différentes applications depuis lors, démontrant le concept de non-localité.

Pour résumer ces quelques premiers constats, la science nous démontre que :

- La réalité est une dualité onde/particule, tout est vibration ;
- La matière est énergie, les particules élémentaires sont des quantums d'énergie ;
- L'espace et le temps sont relatifs ;
- L'espace-temps est courbé par la matière (donc par l'énergie...) ;
- La réalité dépend de l'observation et n'est pas déterminée à priori ;
- Il existe une réalité globale, non localisée, où l'espace et le temps n'ont pas de raison d'être.

Voilà un premier constat qui décoiffe et qu'on a tendance à oublier lorsqu'on parle du pragmatisme scientifique. Cet aspect de la réalité ne m'avait pas été expliqué à l'école ou lors de mes études scientifiques...

Mais n'en restons pas là. Poursuivons avec une question qui taraude l'humanité depuis bien longtemps : quelle est notre origine ? L'étude de la cosmologie va éluder la question et il est intéressant de comprendre le modèle dont nous connaissons tous le nom : le Big-Bang. À l'origine de la cosmologie, l'idée théologique d'un dieu créant un monde autour de l'homme et pour l'homme, amena les penseurs de l'époque à représenter l'espace comme une boule englobant la terre sur laquelle seraient suspendus les astres lumineux. L'observation des mouvements de ces astres mena à des systèmes légèrement plus complexes avec plusieurs boules sur lesquelles les astres tournaient sur des épicycles. Mais finalement, après la révolution Copernicienne détrônant la Terre du centre du monde, le système solaire fût décrit tel qu'on le connait à partir du moment où l'invention des télescopes permit l'observation à une plus grande distance. La présence des dernières planètes du système solaire fut découverte par l'étude du mouvement de planètes plus proches et non par observation directe. Jusqu'au milieu du XXème siècle, l'univers était considéré comme statique et immuable, donc sans origine ou fin. Bien que ses équations prévissent un univers en expansion, Einstein ne voulut pas y croire et utilisa un artifice mathématique, avec une constante cosmologique, pour décrire un univers statique. Encore une fois, ces observations allaient bouleverser la compréhension du monde. Les travaux de Hubble en 1929 sur le décalage vers le rouge de la lumière des étoiles observées lui permirent de calculer leurs vitesses relatives à notre système solaire. Grâce à la loi de Doppler de variation de la fréquence d'une onde avec la vitesse (le son de l'ambulance qui passe), Hubble calcula que l'univers était en expansion. Il découvrit que les vitesses de fuite des étoiles étaient homogènes autour de nous et proportionnelles aux distances qui nous en séparent. En calculant la vitesse de fuite et la distance qui nous sépare de ces astres, il en vint à la conclusion que tout astre avait un point d'origine commun. En effet, la vitesse des astres les plus lointains était plus importante que la vitesse des astres plus proches. Une galaxie deux fois plus distante s'éloignait deux fois plus vite, et une galaxie dix fois plus distante s'éloignait dix fois plus vite. Et, comme mentionné, le mouvement de fuite des galaxies était le même dans toutes les directions. La distance parcourue étant égale à la vitesse divisée par le temps de fuite, les calculs révélèrent un unique point de départ et un âge approximatif de l'univers. Cela amena au concept que toute l'énergie et la masse de l'univers auraient, un jour, été contenues dans un point singulier. Ce concept bouleversa une fois de plus les croyances. Parce que la lumière se déplace à une vitesse donnée et met un certain temps à nous atteindre, les astronomes purent remonter le temps à l'aide de leurs télescopes, car voir loin, c'est voir il y a longtemps. La science allait maintenant parvenir à ôter l'acte de création des mains de dieu, dernier bastion du dogme religieux.

Les astrophysiciens sont conservateurs et n'aiment pas que, d'un jour à l'autre, de nouvelles idées ou théories viennent modifier des connaissances acquises au prix de tant d'efforts par le passé. La communauté allait cependant se mettre majoritairement d'accord sur la théorie du Big-Bang par une nouvelle observation, le rayonnement cosmique. En 1965, le rayonnement fossile de l'univers fut découvert par hasard dans les laboratoires de la compagnie de téléphone Bell par deux astronomes américains, Arno Penzias et Robert Wilson, à l'aide d'un radio télescope (qui analyse non plus les ondes lumineuses visibles mais les ondes radio de plus basses fréquences). Ce rayonnement spécifique d'une température de 3° Kelvin est l'écho de l'énergie produite lors du Big-Bang. Il permit de calculer la température de l'univers quelques instants après sa création et de comprendre le processus de création de la matière, des galaxies puis des étoiles et autres astres de l'univers. La composition chimique de notre univers et la création de la matière à partir de particules élémentaires et de leurs antiparticules purent être théorisés ainsi que les proportions précises d'hélium et d'hydrogène des étoiles, de même pour les différents processus de transformation de la matière au cours des âges de l'univers se refroidissant progressivement dans son expansion. Ces processus ont permis aux différents atomes que nous connaissons de se former et permis l'augmentation progressive de la complexité vers la vie que nous connaissons actuellement. Il faut savoir que selon les mesures effectuées, la vie aura mis environ 13 milliards d'année pour commencer son évolution. L'univers est daté à environ 13,7 milliards d'années, notre soleil et son système solaire à 4,6 milliards d'années, l'apparition de la vie sur terre à 500 millions d'années et l'arrivée du premier Homo sapiens il y a 2 millions d'années. Si toute l'histoire était comprimée en une seule journée, le Soleil et la Terre ne seraient apparus que vers 17h. L'essentiel de l'ascension vers l'homme se ferait à la dernière heure. Les méduses entreraient en scène à 23h02, les poisons à 23h22, les oiseaux et les reptiles à 23h58, et l'homme ne ferait son entrée que 11,5 secondes avant minuit. Quant à l'homme civilisé et technologique des quatre derniers millénaires, il n'aurait occupé que les deux derniers centièmes de secondes de la journée, à peine le temps d'un flash [40]. Cette complexité a été permise grâce à des conditions initiales de l'univers extrêmement précises et toute variation de celles-ci se serait soldée par un univers stérile.

La théorie du Big-Bang reste cependant une théorie avec des grands modèles mathématiques, des hypothèses et des lacunes. Elle a au moins le mérite de prédire et de vérifier une grande majorité des observations, ce qui lui donne une légitimité scientifique. Il est tout de même apostrophant de savoir que cette théorie ne peut expliquer et prédire le commencement même de l'univers. Il existe une discontinuité dans les modèles qui empêche d'établir des lois avant un instant infime qui suit l'expansion initiale. De même, la science a du mal à prédire l'avenir de l'univers. Suivant sa densité, il pourrait soit continuer indéfiniment à s'épandre en refroidissant en un univers glacial incapable de créer de nouvelles étoiles, galaxies ou atomes ; soit stagner dans une expansion qui se ralentit infiniment ; soit se comprimer sur lui-même par la force de gravité de sa propre masse jusqu'à se réchauffer et fusionner en une nouvelle singularité. Le fait que nous ne parvenions pas à mesurer la masse de l'univers lui laisse un avenir incertain. La raison pour laquelle nous sommes encore incapables de mesurer cette masse est qu'elle n'est pas visible ou mesurable par des instruments. On peut seulement observer à grande échelle les mouvements des galaxies et des amas de galaxies qui nous indiquent la présence d'énormes quantités de masses invisibles. Les scientifiques ont appelé cela l'énergie noire et n'en connaissent pas l'origine. Il se trouve que, de tout ce que nous connaissons comme matière, des atomes aux galaxies et aux trous noirs, cette masse ne représente qu'environ 4.5% de la masse totale de l'univers. Le reste de sa masse est invisible, indétectable.

Dans notre concept occidental de temps linéaire, nous essayons d'établir un lien de causalité d'un évènement vers un autre. Si Big-Bang il y a eu, quelle en est la cause ? Alors est-ce peut-être à nouveau la volonté d'un dieu ? Cet argument linéaire du temps n'est pas forcément partagé par certaines philosophies ou religions orientales, tel le Bouddhisme. Le temps n'est alors plus linéaire mais cyclique, concept

---

[40] La mélodie secrète – Trinh Xuan Thuan, 1988.

que rejoint la Relativité générale où il n'y a pas de temps fini sur un espace-temps courbe, en forme de sphère. D'ailleurs, le concept même de temps est incohérent au prélude du Big-Bang, car le temps et l'espace en découlent et y sont créés. Finalement, dans le monde microscopique des particules élémentaires, l'incertitude quantique balaye les relations causales et le déterminisme.

Pour terminer l'élusion de la compréhension de notre univers, la physique théorique s'acharne depuis des années à définir toutes les lois décrivant les interactions connues en une seule loi unifiée. Car si nous sommes capables de prédire de manière excessivement précise les interactions tant au niveau quantique qu'au niveau macroscopique des galaxies, il nous faut utiliser des lois qui sont applicables seulement à leurs domaines précis, à leurs échelles, et plus à d'autres. Nous usons donc d'artifices mathématiques afin de pouvoir décrire l'entièreté des interactions (du moins celles que nous connaissons). Les interactions dont nous parlons sont au nombre de quatre. Il s'agit de :

- La gravitation
- L'électromagnétisme
- La force nucléaire forte
- La force nucléaire faible

La gravitation n'a pas d'origine connue, si ce n'est la déformation de l'espace-temps par la masse selon la Relativité générale. Elle intervient à des échelles macroscopiques, les masses des particules au niveau quantique étant insignifiantes. L'électromagnétisme décrit les interactions des éléments chargés électriquement, tant au niveau des atomes qu'au niveau macroscopique. Outre les applications technologiques actuelles, l'électromagnétisme explique la stabilité des électrons dans les atomes. À des échelles plus petites que l'atome, ces forces deviennent insignifiantes et sont contrées par les forces nucléaires ; et à des échelles interstellaires, l'effet de la gravitation devient plus important. La force nucléaire forte est celle qui permet la cohésion des noyaux d'atomes et leur stabilité. Ceux-ci sont formés de particules qui devraient se repousser (un proton chargé positivement repousse un autre proton chargé positivement selon les lois électromagnétiques). La force nucléaire faible explique les phénomènes de désintégration des atomes par radioactivité.

Aucune théorie unifiée ne permet aujourd'hui de réunir toutes les interactions à toutes les échelles. Les pistes qui sont proposées conceptualisent notre réalité comme faisant partie d'un multivers (en opposition à un univers unique), d'univers parallèles ou de cordes vibratoires. La théorie des cordes voit les particules comme des objets unidimensionnels, telles des cordes formant des boucles, dont les caractéristiques sont déterminées par leurs états vibratoires. Certaines théories cosmologiques tentent d'expliquer l'incertitude quantique par la superposition d'univers où chacune des réalités existe. D'autres expliquent que l'inflation de l'univers n'est pas uniforme et déforme l'univers. Ces déformations des univers individuels peuvent pincer des univers plus grands en expansion, créant une mer infinie d'inflation éternelle, remplie de nombreux univers individuels. Tous ces concepts sont excessivement complexes à se représenter dans notre esprit formaté pour la 3D et le temps linéaire, mais se basent néanmoins sur les observations de notre réalité et des éléments dits scientifiques.

Voyons donc quels sont les constats que l'on peut ajouter aux précédents :

- L'univers a un début (et peut-être une fin) ;
- L'espace et le temps sont créés par l'univers lui-même. Avant la singularité du commencement, il n'y a donc ni espace, ni temps ;
- La majorité de notre univers ne nous est pas perceptible ;
- Les conditions initiales nécessaires qui mènent à la vie sont infiniment précises et peu probables.

Face à la somme des constats de la science, nous sommes amenés à conclure que l'univers possède bien un ordre global et indivisible. La science occidentale, réductionniste par nécessité, converge ainsi de plus en plus vers une vue globale, holistique. Une influence omniprésente et mystérieuse fait que chaque partie contient le tout et que le tout reflète chaque partie. Tous les êtres vivants dans l'univers, toute la matière, tous les objets sont des fragments de réalité qui contiennent en eux la totalité de ce qui est. La science nous a appris que nous partageons avec toute la matière de l'univers une histoire commune, que nous sommes poussières d'étoiles, enfants des galaxies, frères et sœurs des animaux et cousins cousines des végétaux. Elle nous dit que nous portons tout l'univers en nous et que nous sommes indivisibles de lui. À la limite de ce que la science peut apporter, à cause de son besoin d'observations tangibles, de résultats démontrables et reproductibles, il faut parfois admettre une approche plus spirituelle, plus subtile, de la réalité dans les domaines où la science se montre incapable de progresser. Je pense, entre autres, à l'étude de la conscience qui est la base de notre interprétation de la vie. Mais avant de vous donner un aperçu de l'étude de la conscience, voyons rapidement ce que la religion a à nous offrir sur le sujet.

CE QUE LES RELIGIONS RACONTENT

Quel est l'origine de la vie, d'où venons-nous et quel en est le but ? En cela, la religion, le spirituel et la métaphysique se rejoignent pour trouver des réponses. Les religions sont le berceau de nos civilisations et de tout temps les êtres humains ont eu foi en quelque chose de divin. Certes, l'incompréhension des mécanismes de notre univers et du vivant apporta des croyances en des forces divines qui ont maintenant été éludées par la science, mais il n'en reste pas moins que notre raison d'être s'imprègne d'une présence divine. Du moins c'est ce que les religions racontent depuis aussi longtemps que peut le raconter l'histoire. Bien qu'il soit difficile de concevoir un univers expliqué par le créationnisme de la bible (la création du monde en six jours) ou par la version Hindoue d'un monde porté par quatre éléphants en équilibre sur le dos d'une tortue géante, les récits et écrits religieux ont un fondement qui révèle la présence du divin. Comme dans tout mythe ou légende, il y a, mêlée à l'imaginaire, une part de la vérité. Quelle part ? Il est difficile de le déceler si ce n'est en recoupant les informations que nous donnent l'histoire, l'archéologie, l'anthropologie et les témoignages écrits ou oraux. Ce que l'on peut constater, c'est que bon nombre de religions se basent sur des faits et des personnages similaires. Ainsi, le judaïsme, le christianisme, et l'islamisme ont des racines communes issues de la Mésopotamie entre cinq et dix siècles avant notre ère. Les différents textes religieux relatent des faits et des personnages communs qui datent de Babylone et de la civilisation sumérienne. Certains mythes tels que le déluge ou des cataclysmes liés à la colère des dieux se retrouvent dans les mythes religieux et ce jusqu'en Asie.

Mais que peut-on tirer comme conclusions de ces histoires tant racontées, déformées, interprétées, manipulées depuis des millénaires jusqu'à nos jours ? Dans mon humble situation, même si cela m'inspire de lire et d'entendre ces récits qui sont les vestiges de notre passé et des fragments de la compréhension de notre histoire humaine, je ne peux y trouver une vérité absolue. Les interprétations et les croyances sont si fortes lorsqu'on parle de religions que l'homme en devient irrationnel et est prêt à s'entre-tuer pour une divergence d'opinion ou d'interprétation. Ce que je retiens cependant, c'est le fil conducteur du divin, le lien qui nous relie à un grand tout. Les religions Hindoues et d'Asie sont une grande source d'inspiration avec le Bouddhisme et l'Hindouisme. Leurs croyances sont beaucoup plus pacifiques et holistiques. Ils donnent un sens au cheminement de la conscience. Car il s'agit bien de cela. Toutes les religions confondues parlent de la vie après la mort. La peur de la mort est la peur la plus ancrée de notre société. Et pourtant, les croyances nous expliquent que la conscience va au-delà de la matière (qui n'est d'ailleurs qu'énergie, comme nous le suggère la science). Les religions nous relient à un grand tout et à une forme de volonté consciente (comme nous le suggère la science). Certaines parlent même de réincarnation, de cycles de vie et d'un temps cyclique, va savoir. Même les croyances des peuples qui ont évolués sur le nouveau monde, les Amériques, exemptés de notre histoire et de nos récits vieux de 4000 ans, portent ces croyances. Les peuples amérindiens ou les chamans issus des civilisations toltèques racontent le pouvoir de la conscience, des êtres et de tout élément de la Terre. Consciences que l'on peut désincarner et consciences créatrices.

Il ne me manque pas de pouvoir nommer un dieu ou d'avoir une explication précise du grand tout. Pour moi, Dieu est un mot qui représente ce grand tout et la magie de la vie, de la conscience, de la volonté créatrice et du libre arbitre. En ça, je suis croyant et ça ne me dérange pas si je me trompe car, au moins, cela donne du sens à la vie. Je n'aime pas le fatalisme et cette croyance donne la responsabilité à l'individu de ses choix, ses pensées, ses paroles, ses actions, bref à son pouvoir de création.

QU'EST-CE QUE LA CONSCIENCE ?

D'après moi, la conscience est le socle de la compréhension de la vie. Si le temps et l'espace n'existent pas (ou sont relatifs, donc sujets à interprétation, subjectifs, telle que la science nous le suggère), si la matière est énergie, la conscience est bien la chose qui nous lie à l'existence. Nous sommes car nous sommes conscients. La science nous dit également que la réalité n'est pas définie tant qu'il n'y a pas d'observation, donc une conscience pour observer.

La conscience est-elle le produit de la matière ? C'est la question que se posent les scientifiques, biologistes et neurologues rassemblés. Bien que la religion et les témoignages au cours de l'histoire nous disent que la conscience survit au corps, le dogme scientifique, qui est le cadre de pensée actuel, admet difficilement cette possibilité et s'acharne à localiser la conscience dans le cerveau. Le fantasme matérialiste espère même être capable de créer la conscience dans l'intelligence artificielle en y apportant la complexité nécessaire. Si le hasard des rencontres atomiques et des mutations génétiques a pu générer la conscience, alors certains pensent y parvenir à l'aide d'ordinateurs suffisamment complexes.

L'étude de la conscience est donc le pilier de la compréhension de notre univers. Une des difficultés de l'étude de la conscience est de se mettre d'accord sur ce qu'est la conscience. En fonction des disciplines, psychiatrie, médecine ou philosophie, la conscience peut revêtir différentes caractéristiques telles que la fonction d'éveil, la capacité à se représenter, la capacité à appréhender et comprendre, ou encore différents niveaux décrits par le conscient, le subconscient, l'inconscient ou bien même la fonction d'âme, la conscience profonde ou conscience supérieure. La neurologie cartographie le cerveau et est capable de déterminer, de manière de plus en plus précise, les zones responsables de l'état d'éveil (inverse de l'état de coma) dans le tronc cérébral, et de l'état de présence cognitive, en anglais ''awareness'', dans différentes zones du cortex. Mais malgré cela, la médecine ne peut expliquer les états modifiés de consciences (EMC) non ordinaires tels que les expériences de mort imminente et les sorties hors corps (EMI pour expérience de mort imminente, NDE pour ''Near Death

Experience" ou OBE pour "Out of Bodie Experience"). Ces phénomènes sont connus et rapportés depuis la nuit des temps, mais les premiers témoignages documentés par des personnes de science datent des années 70, dont les travaux d'un médecin et philosophe américain Raymond Moody, qui rassembla pendant plus de vingt ans les témoignages de personnes ayant vécu des expériences de conscience modifiée, notamment lorsque ces personnes passent à côté de la mort [41]. Il a ainsi pu répertorier une série de phénomènes communs à ce type d'expérience, notamment : l'incommunicabilité (« je ne trouve pas les mots ») ; l'audition de voix ou de bruits ; le sentiment de calme et de paix ; un effet tunnel; la décorporation (se trouver en train de flotter en dehors de son corps et témoin de la scène) ; la présence d'autres consciences ; la présence d'êtres de lumière ou d'une lumière intense ; le panorama de la vie (vision du défilement de sa vie) ; le retour (sentiment de devoir et sensation de re-corporation inconfortable) ; le problème de témoignage (peur de l'incrédulité) ; les répercussions sur la conduite de vie ; les nouvelles perspectives sur la mort ; la confirmation éventuelle de l'expérience par la connaissance d'éléments vérifiables.

Le phénomène de décorporation lors d'un accident, d'un évènement traumatisant ou lors d'anesthésie ou de coma, est également un phénomène largement rapporté par des témoignages. Avec la médecine moderne, certains de ces témoignages ont pu montrer que ces personnes étaient capables d'être conscientes à des moments où leurs cerveaux étaient en état de coma, inconscience ou mort cérébrale. C'est-à-dire qu'ils ont pu rapporter des informations dont ils n'avaient pas accès lors de leurs expériences, des faits, des conversations, une description précise d'une situation, etc. Le Dr Eben Alexander, neurochirurgien américain, estime détenir la preuve que la conscience est indépendante du cerveau lors d'une EMI et de décorporations pendant un coma causé par une méningite bactérienne en 2008. Ses collègues neurologues ont pu enregistrer l'absence d'activité cérébrale, déclaré mort cérébralement, alors qu'il expérimentait des formes de conscience modifiée [42]. Bien que le pragmatisme scientifique ait fait en

---

[41] *Life after life*, Raymond Moody, 1975
[42] *Proof of Heaven*, Eben Alexander, 2012

sorte qu'une partie de la communauté dénigre la validité de telles preuves, l'intérêt de recherche dans le domaine n'en est pas moindre. Des universités telles que Harvard, Cambridge, et bien d'autres, possèdent un département de recherche sur la conscience, autre que purement neurologique, ce qui indique que les résultats suggérés ne sont pas si absurdes. On peut comprendre le manque d'informations sur le sujet ou le scepticisme en la matière, car la méthode scientifique n'est en fait pas vraiment applicable dans le domaine de la conscience, qui n'est pas mesurable, quantifiable et reproductible. En effet, elle étudie un phénomène subjectif, non reproductible dans des protocoles maîtrisés et déterminés, et non démontrable la plupart du temps. Il faut donc pouvoir se fier à des témoignages et tenter d'y appliquer des protocoles scientifiques rationnels et rigoureux, afin d'avancer dans la compréhension de ces phénomènes, sans pouvoir espérer apporter une preuve dite scientifique à ce qu'est la conscience.

Pour sa part, l'institut suisse des sciences noétique est une fondation d'utilité publique, créée pour l'étude scientifique et comparative des états modifiés de conscience, le décryptage analytique des expériences de mort imminente, le déchiffrement contextuel des perceptions extrasensorielles et des phénomènes de décorporation. Les phénomènes de sortie de corps sont relativement courants et peuvent survenir lors de phases de sommeil léger ou somnolence, réveil soudain, expériences brutales et traumatisantes comme un accident, ou période d'inconscience, etc. Beaucoup de gens rapportent avoir déjà eu ce genre d'expérience, mais n'en parlent pas, et se racontent qu'ils ont dû rêver, car notre société admet mal cette possibilité et que ce genre de propos est vite décrédibilisé. Peut-être en faites-vous partie ou avez-vous des personnes dans votre entourage qui le sont. Lors de ces sorties, les personnes s'observent, ainsi que la scène autour d'eux, le temps semble souvent ralentir et ils sont capables de vous décrire une myriade de détails, parfois même des détails qui ne sont pas directement accessibles, tel qu'un détail sous le revers d'une table ou au-dessus d'une armoire, les conversations des personnes présentes sur la scène ou même dans une pièce non loin de là, alors qu'eux-mêmes étaient éventuellement physiquement autre part ou même inconscients.

Certaines personnes peuvent se décorporer par la simple volonté. C'est le cas de Nicolas Fraise, qui a fait l'étude de recherches sur ses capacités pendant plus de dix ans, encadrées par deux chercheurs genevois travaillant à l'institut suisse des sciences noétiques, le docteur en biologie moléculaire Sylvie Dethiollaz et le psychothérapeute Claude Charles Fourrier. Leurs résultats époustouflants font l'ouvrage de plusieurs publications dans lesquelles ils expliquent la réalité du phénomène étayé par des expériences réalisées sous surveillance d'huissier de justice [43]. À titre d'exemple, lors d'une de leurs expériences, Nicolas Fraise a été capable de déplacer sa conscience dans une autre pièce pour y découvrir des images à identifier par la suite. Le résultat de 70% de réussite, s'il avait été dû au hasard, aurait une probabilité de 1 sur 69 milliards de milliards de milliards, selon les chercheurs. Ce personnage, fort médiatisé à cette époque, a été capable de donner des détails significatifs d'une scène où il s'est rendu en décorporation suite à la demande des journalistes qui avaient préparé le scénario. La capacité de se décorporer est pour lui tout à fait naturelle depuis l'enfance. À l'époque, le sujet était tabou dans sa famille car ses récits dérangeaient. Sa capacité à révéler des détails très concrets d'endroits où il n'était pas allé lui a cependant confirmé au cours du temps qu'il n'était pas sujet à des hallucinations, mais que ce phénomène était bien réel. Comme anecdote, il raconte qu'étant enfant, à l'école, il se décorporait pendant la classe pour aller lire le menu de la cantine affiché sur le moment, pour en donner un résumé à ses camarades, amusés de pouvoir vérifier sa prédiction pendant la récré suivante. Sa collaboration durant dix années avec les chercheurs de l'institut suisse des sciences noétiques permet de mettre en avant de nouvelles théories bouleversantes sur la conscience, bien que, malgré cela, la communauté scientifique a encore du mal à faire face à un bouleversement si important qui remet en cause un grand nombre de

---

43 Sylvie Dethiollaz et Claude Charles Fourrier, *États modifiés de conscience — NDE, OBE et autres expériences aux frontières de l'esprit : témoignages, recherches, réflexions et perspectives*, Lausanne, Paris, éditions Favre, 2017
Sylvie Dethiollaz et Claude Charles Fourrier (préf. Frédéric Lenoir), *Voyage aux confins de la conscience : dix années d'exploration scientifique des sorties hors du corps. Le cas Nicolas Fraisse*, Paris, éditions Trédaniel & éditions France Loisirs, 2018

nos croyances scientifiques et philosophiques. Comme le dit Sylvie Dethiollaz : « Tout l'édifice des neurosciences est bâti sur le dogme affirmant que la conscience est produite par le cerveau. Accepter de reconnaître qu'elle peut se délocaliser, c'est faire voler en éclats ce dogme et cela remet en cause toute notre conception de l'humain, de la vie, de la mort, … ». D'après Nicolas Fraise, cette capacité est à la portée de tout un chacun, mais la barrière est souvent le mental. Selon Claude Charles Fourrier, une personne sur dix est susceptible d'expérimenter une sortie hors corps spontanément, au moins une fois dans sa vie ou sporadiquement.

Déjà dans les années 60, l'américain Robert Allan Monroe, homme d'affaires fortuné et ingénieur du son, s'est lancé dans l'étude du phénomène de sortie de corps suite à sa propre expérience. Il développa des techniques pour maîtriser ses sorties de corps, à l'aide de méditations et visualisations, et à l'aide de sons avec un battement binaural ayant pour but de synchroniser les fréquences des deux hémisphères cérébraux. Il a fondé l'institut Monroe, une organisation à but non lucratif dédiée à l'exploration de la conscience, et est l'auteur de plusieurs publications très connues sur le sujet [44].

Si vous effectuez des recherches sur le sujet, vous verrez qu'il y a énormément de témoignages de ce genre partout sur le web et dans la littérature. Avec toutes ces informations, mon étonnement est que ça n'est toujours pas un sujet « scientifiquement abordable » et est tourné en dérision. Comment se fait-il que le dogme scientifique actuel soit si puissant qu'il arrive à nier ce que des milliers de gens concordent à raconter, quelle que soit l'influence du milieu social, de l'origine culturelle, du niveau d'éducation, de l'âge, du sexe, de la croyance religieuse, de l'époque ou de toute forme de différenciation ? Pourquoi ne discute-t-on pas de cette question dans l'enseignement général ou universitaire, ou dans des débats de société ? Depuis la destruction des croyances religieuses quant à l'origine de l'homme, le dogme scientifique a créé une croyance collective, une culture, où le spirituel

---

[44] *Journeys Out of the Body* (Le voyage hors du corps) (1971) ; *Far Journeys* (Fantastiques expériences de voyage astral) (1985) ; *Ultimate Journey* (non-traduit) (1994)

n'a de place que dans les livres d'histoire, la philosophie ou la théologie. Dès lors, il est très difficile pour un individu d'oser parler de leur expérience d'EMC, ou simplement exprimer une opinion sur le sujet. La raison à cela est que l'être humain est un être social et qu'il a besoin de reconnaissance de la part de ses semblables. Une des plus grandes peurs des êtres humains est de ne pas se faire accepter par les autres. Un individu sera dès lors capable de renier des informations écrites dans sa mémoire afin de se conformer à la majorité. Cela a été démontré par des études sociologiques où, inconsciemment, des individus, sujets de l'étude, changeaient leur opinion et reniaient des preuves indéniables qu'ils connaissaient, afin de se conformer à un groupe allié à cette étude. Il me semble important de rester ouvert d'esprit et de prendre en compte la globalité des informations qui nous sont disponibles, comme le voudrait une démarche scientifique digne de ce nom. Le nihilisme n'en est pas une. Il est d'autant plus important de rester ouvert d'esprit face à cette question de « qu'est-ce que la conscience ? », qu'il en va de la conduite et du futur de notre société, car la question spirituelle de « qu'est-ce que la vie ? », en est le moteur, sauf évidement quand toute recherche de sens est perdue, comme c'est le cas à l'heure actuelle.

Pour continuer sur le même registre, il existe l'étude des phénomènes de probable réincarnation, qui ont été documentés depuis les années 60, entre autres par le Dr Ian Stevenson, psychiatre et professeur à l'université de Virginie, fondateur et directeur du département d'étude de la perception. Durant plus de quarante ans, il a étudié et documenté près de trois milles cas d'enfants racontant des souvenirs d'une vie antérieure. La démarche scientifique, tentant de comprendre et d'amener des preuves de la possibilité de réincarnation, se base sur différents critères que sont : le désir de retrouver l'ancienne famille ; l'affirmation répétée d'une autre identité ; les habitudes, les comportements, les réactions similaires à celles du défunt ; les malformations congénitales ou marques de naissance ; les talents, aptitudes insolites ou connaissances particulières ; la sagesse ou l'érudition ; la reconnaissance des lieux ou des gens ; la capacité à donner des informations vérifiables sur la vie ou l'environnement du défunt ; [...]. Il a aidé en 1982 à fonder la *"Scociety for Scientific Exploration"*, forum scientifique appelant à éluder les questions « paranormales » en marge de la conception dogmatique scientifique.

Il est l'auteur d'environ trois cents publications et quatorze livres sur le domaine de la réincarnation, essayant, entre autres, d'apporter des preuves biologiques aux cas de réincarnation [45]. Après sa retraite en 2002, son collègue, le Dr Jin B. Tucker, parapsychologue, pédopsychiatre et professeur de psychiatrie et des sciences neurocomportementales à l'université de Virginie, a repris son travail et continue les recherches en la matière. Il est l'auteur d'un livre présentant une vue globale des quatre décennies de recherche sur la réincarnation [46].

Entendez bien que mon propos n'est pas de vous (ou me) faire adhérer à une croyance particulière, mais bien de démontrer que l'étude de la conscience soulève un questionnement, et tend à prouver qu'une forme de la conscience transcende le corps et la matière. Malgré le scepticisme apparent de la majeure partie de la communauté scientifique dans ce genre de domaines, je trouve intéressant de constater que de grandes universités continuent, de nos jours, à financer des recherches en la matière, preuve de l'intérêt et de la réalité de phénomènes inexpliqués. À ce propos, il est amusant de voir qu'en réalité, l'intérêt de la recherche dans le domaine est phénoménal. Saviez-vous qu'un programme, secret à l'époque, du gouvernement américain, nommé *"Star Gate"*, a dépensé la bagatelle d'environ 20 000 milliards de dollars dans la recherche et la mise en application de phénomènes paranormaux comme la clairvoyance (''remote viewing''), la kinesthésie, et autres, entre 1972 et 1995 ? De telles techniques auraient été utilisées pour l'espionnage durant la guerre froide. Si ces informations sont déclassifiées à l'heure actuelle, il est possible que d'autres programmes aient suivi et/ou continuent de nos jours dans le domaine...

---

[45] Ian Stevenson, *Twenty Cases Suggestive of Reincarnation* (1966), *Cases of Reincarnation Type* Volume 1 to 4 (1957-1983), *European Cases of the Reincarnation Type* (2003), *Reincarnation and Biology : A Contribution to the Etiology of Birthmarks and Birth Defects* (1997), *Where Reincarnation an Biology Intersect* (1997), [...]
[46] Jim B. Tucker, *Life Before Life : A Scientific Investigation of Children's Memories of Prévious Lives* (2005)

La conscience a également été étudiée sous une autre forme, en prenant le précepte de la mécanique quantique liant l'observation, donc l'observateur, à la réalité, précepte dont je vous ai parlé dans - CE QUE LA SCIENCE NOUS DIT -. Dans les années 90, des chercheurs, dont le Dr Roger Nelson de la prestigieuse université de Princeton, ont réalisé qu'il était possible de modifier significativement les résultats, générés par des appareils électroniques très sensibles, par l'intention émise par une ou des personnes. Le but de l'expérience étant de prouver un lien quelconque entre la conscience et la matière. Ils utilisèrent, dans ce but, des générateurs de nombres aléatoires qui se basent sur la désintégration atomique. C'est une machine qui génère des 1 et des 0 de manière aléatoire, comme si elle jouait à pile ou face plusieurs fois par seconde. Par les connaissances statistiques, après une grande quantité d'itérations, la répartition de la quantité de 1 et de 0 générés doit être de 50% / 50% avec une variation d'autant plus petite que le nombre d'échantillons est important. Ils observèrent des variations, bien que petites, suffisamment significatives que pour suggérer une réelle interaction de l'intention, donc de la conscience, avec les données récoltées lorsque que les intervenants émettaient l'intention de faire varier le phénomène aléatoire. En émettant l'hypothèse qu'une conscience collective suffisamment forte pouvait faire varier le phénomène aléatoire, sans spécialement établir une intention directe, ils mirent au point le *Projet Conscience Globale* en 1998. Pour ce faire, un réseau de septante générateurs de nombres aléatoires furent répartis à travers le globe et mis en réseau afin d'en collecter les données et les comparer à l'émergence d'évènements générant une conscience collective forte et émotionnelle, comme des élections ou des catastrophes. L'expérience, à proprement parler, a duré dix-huit ans et récolte encore des données à l'heure actuelle. Elle a pu démontrer une corrélation évidente entre la variation du phénomène aléatoire et plus de cinq cents évènements importants tels que des attentats terroristes, des catastrophes naturelles, etc. L'accumulation des résultats montre un écart de probabilité qui donnerait 1 chance sur des milliards de milliards qu'il soit dû au hasard. Les variations les plus significatives seraient lors d'évènements tels que les attentats du 11 septembre 2001, le tsunami de 2004, les élections présidentielles américaines de 2008, les attentats de Paris en 2015, et bien d'autres. Ce sont des moments où la conscience collective était très forte, ce qui tend à démontrer qu'il existe une forme de réalité globale à laquelle nous sommes tous liés. De plus, les résultats ont montré que la variation du phénomène aléatoire peut commencer à se faire sentir avant même l'évènement déclencheur, par anticipation, comme si la conscience globale savait que quelque chose allait se produire. C'est le cas avec les données datant des attentats du Wall Street Center. Il est impossible pour les chercheurs d'expliquer ce phénomène et d'en identifier la cause, seules les corrélations évidentes effectuées sont des faits indéniables. Mais le rapprochement avec les phénomènes de non-localité, de relativité temporelle et d'intrication quantique semble évident pour ces chercheurs.

Le Dr Dean Rabin, psychologue, ingénieur, professeur en parapsychologie et chercheur en chef de l'institut des sciences noétiques en Californie, est également connu pour ses recherches sur les interactions entre la conscience et la matière. Il est l'auteur de nombreuses publications scientifiques [47] sur l'interaction entre la conscience et la matière, qui sont disponibles et que vous pouvez aller librement consulter. Il traite de sujets dans plusieurs domaines tels que la guérison à distance, la guérison spontanée, la corrélation physiologique à distance, la clairvoyance, la télépathie, la prémonition, la survie de la conscience au corps, les interactions conscience-matière (telles que l'interférence de l'intention avec les phénomènes aléatoires ou l'interaction esprit-matière avec des photons intriqués), etc. Il a d'ailleurs participé au programme *"Star Gate"* mentionné plus haut. Interviewé dans un film documentaire questionnant sur la conscience, il explique les résultats étonnants de ses recherches depuis maintenant quarante ans. Vous pouvez retrouver ce documentaire, que j'ai trouvé très impactant lorsque je découvrais ces phénomènes, sous le nom de *"What the Bleep ? Down the rabbit hole"*, suite d'un précédent documentaire intitulé *"What the bleep do we know ?"*.

Autre exemple d'étude de l'interaction de la conscience avec la matière, le Dr Masaru Emoto, docteur en médecine alternative au Japon, a publié *Le Miracle de l'Eau*. Il est le premier à avoir mis en évidence

---

[47] https://www.deanradin.com/publications

l'incidence de la conscience et de l'intention sur la structure cristalline de l'eau. Il semblerait qu'une eau ayant reçu une intention d'amour ou d'harmonie ne donne pas la même forme en la congelant qu'une eau ayant reçu l'intention de haine ou de discorde. Il propose dans son ouvrage un album d'incroyables photos de cristaux de glace ayant reçus des intentions différentes. Tel le riz qui pourrit plus vite lorsqu'on lui inflige des idées négatives, les cristaux de glace dépendent de l'influence reçue avant la cristallisation. Bien que considérée par la communauté scientifique "main stream" uniquement comme "pseudo-scientifique", cette expérience nous invite à réfléchir au pouvoir de nos pensées et intentions, sachant que l'être-humain est composé d'une majorité d'eau...

CE QUE L'HISTOIRE NOUS DIT

Les récits d'EMC non ordinaires, de NDE, d'OBE, ont été recueillis à travers le monde et l'Histoire. Le texte le plus ancien évoquant une telle expérience se trouverait en effet gravé sur des tablettes d'argile, racontant l'épopée du souverain de Mésopotamie, Gilgamesh, en 2 700 ans avant J-C. Dans la Grèce antique, Platon (400 av. J-C), ou encore Plutarque (100 av. J-C) ont aussi relaté des récits de voyages au pays des morts. Dans l'ancien Testament, c'est en sortant de son corps pour espionner un roi syrien qu'Elysée permit au Hébreux de repousser l'attaque que celui-ci préparait contre eux [48].

Il existe également de nombreux ouvrages parlant des corps subtils. Si, chez nous, ce genre de récits est classé dans la catégorie ésotérique, il n'en n'est pas de même en orient où la médecine considère le flux de l'énergie vitale au travers des méridiens et passant par les chakras, sorte de portes énergétiques. À chacun des sept chakras est d'ailleurs associé un corps énergétique. Dans le *Dao De Jing,* le livre de la Voie et de la Vertu, attribué à Lao Tseu, texte philosophique chinois datant de 600 av. J-C, fondement du Taoïsme, est décrit également ce qui ressemble à une définition du voyage astral, voyage avec le corps subtil.

L'Histoire recueille également la parole de nombreux prophètes, selon la définition simple du prophète, c'est-à-dire toute personne qui parle au nom de Dieu, qui retranscrit la parole, la voix de Dieu, qui apporte la vérité à l'humanité. Et entendez bien Dieu comme terme qui désigne le grand Tout.

Certaines personnes ont, dans l'histoire de l'humanité, apporté des messages venant du divin, d'une conscience non matérialisée, pour apporter des réponses spirituelles et métaphysiques afin d'aider l'être humain dans son évolution. Il peut s'agir de Mohammed ou Jésus-Christ, mais également de personnages bien plus modestement connus dont le seul crédit est leur bonne foi.

---

[48] *États modifiés de conscience,* Sylvie Dethiollaz et Charles Claude Fourrier, Favre 2016

Voici deux exemples qui ont fait, entre autres, partie de ma réflexion :

« Conversation avec Dieu », de Neale Donald Walsh, est un récit sous forme de conversation qu'il a avec lui-même, mais d'inspiration spontanée. Il avertit lui-même le lecteur du danger d'interprétation, le filtre appliqué par sa perception subjective, dont on doit tenir compte lorsqu'on interprète la parole de quelqu'un d'autre. Ce récit apporte une interprétation de la vie et de la conscience très inspirante.

« Un cours en miracles » est une série de trois livres spirituels non religieux (indépendants des appartenances et institutions religieuses), résultat d'un travail de collaboration entre deux psychologues américains, Helen Schucman et William Thetford, publiés en 1976. L'auteure principale, Helen Schucman, prétend avoir rédigé ce livre par écriture guidée, sur le principe de la clairaudience, entre 1965 et 1972. La voix intérieure se présente comme un maître spirituel prêchant l'éveil par le biais d'une approche basée sur le transcendantalisme spirituel.

De manière générale, la réalité médiumnique au sein de notre société actuelle est souvent reléguée au rang de fantaisie farfelue. La médiumnité a cependant, elle aussi, toujours été présente dans notre histoire. Nombres de récits (dont certains médiatisés) semblent montrer que certaines personnes ont réellement des capacités subtiles et entrent en contact avec des formes de consciences.

Pour conclure, le domaine de la conscience est malheureusement très nébuleux, et il est difficile de faire la différence entre les personnes douées de vrais dons et les colporteurs, charlatans et arrivistes. Je peux seulement constater qu'en plus de ce que nous apprend l'Histoire, les religions et la science, le témoignage de personnes de mon entourage ou dont j'ai croisé le chemin, en qui je donne une certaine confiance, me permettent de penser que le "paranormal" et le subtil ont une forme de réalité. Même s'il est difficile d'en parler, cette réalité est en fait déjà bien présente dans la tête de la majorité de la population. Un sondage avec un échantillonnage mondial publié dans les résultats d'une étude menée par le Dr Dean Rabin [49] montre que seulement 9 % de la population pensent que leur conscience ne survivra pas à leur mort et qu'il ne restera absolument rien d'eux :

-   « Je n'existerai plus sous aucune forme » (8%) ;
-   « Je suis une illusion crée par le corps donc je disparaitrai » (4%) ;
-   « Rien ne va se passer avec mon âme car il n'y a pas d'âme » (3%).

(Ces propositions peuvent être cumulatives, les participants peuvent adhérer à une, plusieurs, aucune ou toutes ces propositions). Les autres 91 % de la population pensent qu'il y aura quelque chose d'autre, d'une certaine manière. Voici les six croyances les plus ancrées :

-   « Je vais reconnaitre que je suis bien plus que ce que j'avais précédemment imaginé (plus conscient et expansif) » (49%) ;
-   « Mon âme va survivre parce qu'elle n'a jamais été physique à l'origine » (45%) ;
-   « Je me retrouverai dans une autre réalité mais je serai capable d'avoir accès à la réalité terrestre sous certaines circonstances (comme atteindre un être aimé par l'intermédiaire d'un médium, par exemple) » (43%) ;
-   « J'existerai partout comme une part de la conscience pure » (43%) ;
-   « Je resterai conscient d'une certaine manière pour l'éternité » (41%) ;
-   « Je me réincarnerai dans un autre être, mais seulement si je le choisis » (28%).

Comme mesure de réserve, je mentionnerai que l'échantillonnage de la population mondiale en fonction de la culture ou des croyances religieuses prédominantes peut exercer une influence sur les résultats. Cet échantillonnage est censé donner une représentation globale de la population mais est cependant limité en nombre. Ne soyez pas

---

49 Delorme, A., Radin, D., Wahbeh, H. (2021). Advancing the evidence for survival of consciousness. Bigelow Institute for Consciousness Studies, winning entry for an essay contest ; https://www.deanradin.com/publications

décontenancé si vous ne vous retrouvez dans aucune de ces croyances, il s'agit seulement de montrer que la plupart des gens croit déjà, peut-être inconsciemment, en la transcendance de la conscience à la matière...

LE PROCESSUS DE CREATION

What the bleep do we know ? Et qu'en savons-nous donc de la vie ? Beaucoup et peu à la fois, des certitudes, des croyances qui sont des parcelles de la grande mélodie, parfois bien tangibles, parfois insondables. Ce qui est sûr, c'est que vous êtes conscient. Vous êtes conscient d'être là, de votre corps, de votre environnement immédiat, là où vous êtes assis, de ce que vous lisez. Que faire de tous ces concepts dont je vous parle et qui bouleversent la facilité tranquille de croire ce qui est établit sans se poser trop de questions ? Et bien, il s'agit de prendre les choses en mains, car les croyances que notre société a acquises sont obsolètes et nocives, en partie du moins. Il est temps de reprendre un esprit critique, opter pour un scepticisme ouvert qui remet en cause sans rien révoquer à priori. Il est temps de faire nos propres choix pour créer notre réalité et la société de demain, sans se laisser bercer par la publicité et la politique de l'autruche en attendant le chaos à venir, dans notre pseudo confort matérialiste qui désintègre l'avenir de nos enfants. Et pour créer cette réalité, notre baguette magique est notre conscience, car notre conscience est force de création. Vous créez votre propre réalité. Certes, le monde physique fait partie de votre réalité et vous avez un impact limité sur la matière à cause de l'inertie immense d'une conscience globale, mais il s'agit avant tout de créer les valeurs qui feront révolution de notre société vers celle que l'on aimerait imaginer. Car la révolution sociétale ne se fera que par un changement de valeurs profond, par l'abandon des valeurs monétaires et l'adhésion aux valeurs primordiales. Lorsque nous sommes convaincus de la magie de la vie, de la magie de la conscience et de son pouvoir de création, nous possédons les clés du pouvoir, le pouvoir de se changer et de montrer aux autres comment changer eux aussi et influencer la conscience globale.

Quel est alors le processus de création ? Nous créons notre réalité sur base de nos croyances. Notre réalité est ce que nous expérimentons avec notre conscience, ce que nous ressentons, la manière dont nous percevons les choses et les évènements avec le filtre de notre perception. Le filtre de la perception est lui-même composé de différents filtres basés sur différentes croyances, des croyances acquises ou innées, inculquées par notre éducation, notre milieu social, la société ou le fruit de l'expérience faite lors de notre vécu. Ces croyances sont souvent inconscientes et évoluent tout au long de notre vie. C'est ainsi que vous êtes unique, par votre subjectivité propre, votre interprétation de l'univers. Pour résumer, voici le processus :

- Nos croyances déterminent notre réalité (donc nos expériences).
- Les mots et pensées que nous utilisons pour décrire notre expérience créent nos croyances (donc notre réalité)
- Notre réalité est la perception de nos expériences, c'est-à-dire nos croyances.

Nos croyances, notre réalité et notre expérience ne sont donc qu'une seule et même chose. C'est le serpent qui se mange la queue.

On peut donc facilement choisir sa réalité et créer les expériences que l'on veut en contrôlant nos croyances. Quand on dit que, pour y arriver, il faut y croire, ce n'est pas pour rien ! Il faut, pour ce faire, choisir son filtre d'interprétation de nos expériences, et les décrire selon la réalité que l'on veut créer. La <u>conscience</u> de nos interprétations et <u>l'intention</u> de créer sa réalité sont donc deux outils essentiels à notre création (de nos expériences et donc de notre réalité).

Pour diriger efficacement son intention, il faut savoir comprendre et exprimer ses objectifs. De nos objectifs globaux, il faut être capable de les fractionner en objectifs intermédiaires et pratiques qui mènent à la réalisation des objectifs globaux, afin de les mettre en application. Enfin, pour voir ses objectifs se réaliser, il faut modifier/créer ses croyances. On crée ses croyances par nos expériences et notre perception de celles-ci. Puis, on les ancre par la répétition, les pensées, les mots, les paroles, les actions et les sentiments qui expriment ces expériences. Il faut donc surveiller ses pensées, ses paroles, ses actions et ses sentiments afin qu'ils reflètent, et deviennent, la réalité que l'on s'est choisie.

En effet, le processus de densification de la conscience vers la matière part des émotions, qui sont pure énergie, pour se transformer en sentiments provoqués en vous (de la joie, de la colère, etc. ; impliquant un jugement), vers les pensées que votre esprit génère (consciemment et souvent inconsciemment), puis vos paroles et enfin vos actions. Le fonctionnement inverse marche également. Ainsi, vous pouvez changer l'ordre de l'univers par vos actions, vos paroles, vos pensées qui génèrent un sentiment en vous qui active une émotion qui est la vibration appliquée à l'univers. C'est de cette manière que l'on fait d'un rêve une réalité !

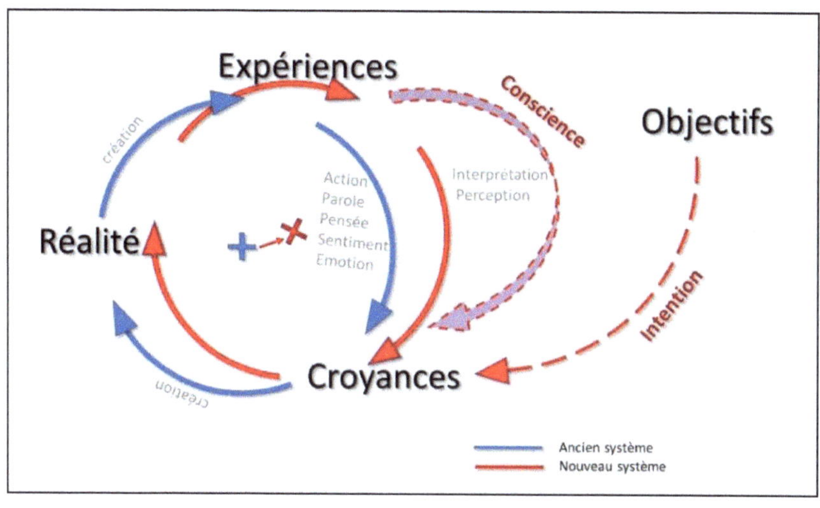

La clé du succès est donc la prise de <u>conscience</u> de ces processus, et <u>l'intention</u> de changer. Cela demande une certaine rigueur, une motivation. Pour maintenir cette motivation, il est important d'obtenir de la satisfaction dans le processus et dans les résultats. Il peut être utile de fractionner ses objectifs par étapes intermédiaires, pour permettre d'observer des changements et progrès réguliers. Il faut également se construire un protocole pour rester focus et régulier/rigoureux dans sa pratique tout en en tirant une satisfaction.

Il existe des outils puissants pour aider à réaliser cela :

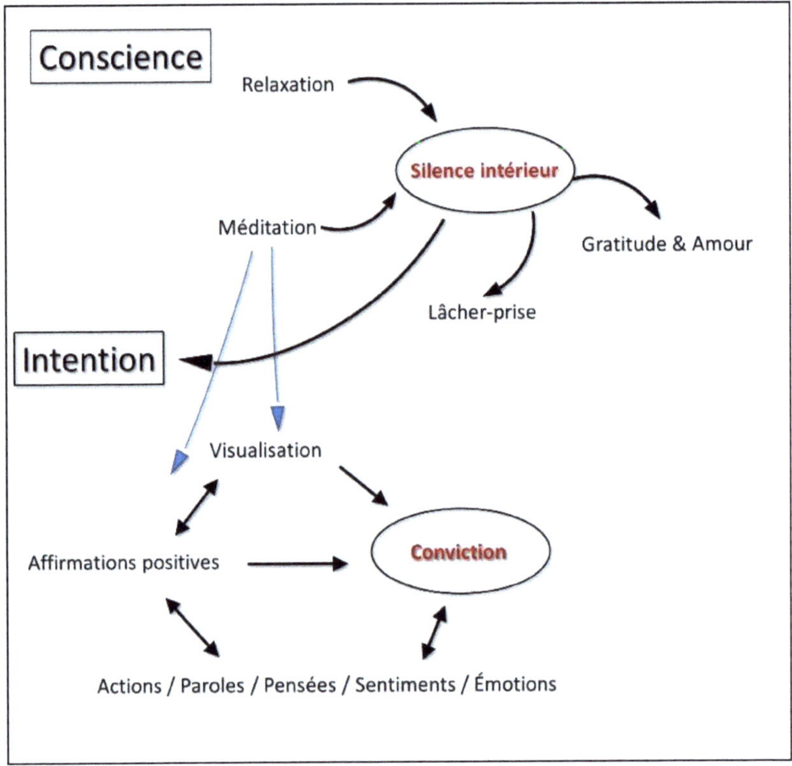

LA DUALITE DE LA VIE ET NOTRE LIBRE ARBITRE

La vie a quelque chose de duel et de cyclique. Le Tout est composé de ses extrémités et de tout l'ensemble du possible qu'elles englobent. De la respiration aux saisons, en passant par le jour et la nuit, la vie et la mort, les marées, les vibrations, l'énergie, l'univers est en mouvement, effectuant des cycles, allant du moins vers le plus puis du plus vers le moins. Le haut n'existe pas sans le bas, le chaud sans le froid, la lumière sans les ténèbres, l'amour sans la haine, le partage sans l'égoïsme, le Yin sans le Yang. Si le grand Tout unifié contient la globalité, la fragmentation est une nécessité pour pouvoir expérimenter les éléments constituant ce grand Tout. C'est par l'expérience que le Tout peut être, sans quoi il n'a pas la connaissance de ce qu'est être. Vous savez que vous êtes car vous êtes conscient, et votre expérience incarnée est l'expression d'un fragment du grand Tout.

Partant d'un tel précepte, le bien et le mal n'existent pas car toute chose est comme elle devrait être, un fragment, une interprétation qui permet au grand Tout de se manifester et de se connaître. C'est un soulagement dans la vision du monde, car cela permet un lâcher-prise face à ce qu'on ne peut pas contrôler. Mais finalement, dire que le bien et le mal n'existent pas n'est vrai que dans la globalité, le bien et le mal existent grâce au libre arbitre. La particularité de notre personnification, de notre conscience individualisée, est notre libre arbitre. C'est notre force de création et notre responsabilité. Par le libre arbitre, nous choisissons de différencier ce que nous trouvons bien et juste de ce que nous trouvons mal et injuste. Nous le faisons également de manière collective, en société, mais le choix, le libre arbitre, nous appartient toujours. C'est ce libre arbitre qui choisit quelle est votre interprétation d'un fragment du grand Tout, de se différencier d'une manière ou d'une autre. Par votre libre arbitre, vous créez et permettez au grand Tout de se manifester et d'être.

Cela implique deux choses : Premièrement, quoi qu'il arrive, dans le fond, ça n'est pas grave. Toute chose dans la globalité est comme elle doit être, car elle fait partie du Tout. Avec cette vision, vous pouvez pardonner à qui fait du mal et accepter le côté cruel de la vie. La nature nous offre cet enseignement : dans son équilibre, elle rassemble aussi bien la beauté, la fertilité et la création que la cruauté, la douleur et la désolation. De la destruction et la pourriture jaillit la vie, de la rivalité nait l'harmonie. Deuxièmement, ça n'est pas pour cela qu'il n'importe pas de choisir l'altruisme à l'égoïsme. Votre libre arbitre et votre responsabilité quant à votre acte de création doivent vous pousser vers ce qui vous semble juste. Par votre évolution spirituelle et vos choix d'amour, vous permettez au grand Tout de se connaître tel qu'il est.

CULTIVER LE BEAU

Le beau, c'est la culture de l'amour. La recherche du beau élève l'esprit. Cultiver le beau, lorsqu'on en a le temps et l'opportunité, enrichit l'espace de vie et apporte de l'harmonie et de la paix. Un espace où la beauté est invitée inspire, apaise et rassemble. Cela peut paraître anodin, mais cultiver le beau dans l'installation de votre habitat, en vous intégrant le plus harmonieusement possible avec les éléments naturels, le relief, la végétation, les matériaux tels que le bois brut, la pierre, la terre comme matériau d'enduisage, les toitures végétales, etc. donnera une aura à votre lieu qui l'aidera à se faire valoir aux yeux de la population locale et de l'opinion publique. C'est un atout si vous devez mettre de votre côté cette opinion publique pour avoir le droit de vous installer ou de rester dans un lieu, particulièrement lorsqu'on s'installe en désobéissance fertile ! Il est plus difficile de justifier, pour les autorités publiques, la démolition d'un habitat harmonieux et écologique qu'un camp de bric à brac et de tôles assemblées à la « va comme je te pousse ».

BEING
SOMEWHERE
.NET

LE RISQUE DE LA POLARISATION DE LA SOCIETE COMTEMPORAINE

Je pense avoir déjà assez parlé des valeurs matérialistes de la société contemporaine, qui confond être et avoir, qui individualise et déconnecte l'être humain de sa nature profonde. J'ai déjà évoqué la perte de spiritualité par l'instrumentalisation de la religion, l'extrémisme matérialiste du dogme scientifique, la perte de sens, la monétarisation du système de valeurs par le dogme capitaliste, la politique autoritariste des plus fortunés, le nihilisme et l'inaction face au désastre écologique. Il est évident que la société contemporaine est vouée à l'échec parce qu'il y aura, tôt ou tard, une crise énergétique, économique, sociale ou écologique (ou probablement plusieurs combinées étant donné qu'elles sont interconnectées) d'une ampleur telle qu'elle ne pourra s'en relever indemne. Notre système de société n'est plus approprié à notre épanouissement. Tant de fausses croyances ont créé des dérives égoïstes, cruelles, inconscientes. Nous savons maintenant quoi faire.

Il reste cependant un danger qu'il me semble important de mentionner. Notre monde est polarisé, plus qu'il ne l'a sans doute jamais été. À l'époque où la communication est mondialisée et instantanée, la vérité n'existe plus, ou du moins ne peut plus être isolée des fausses vérités ou de la désinformation. Alors que la numérisation était l'avancée technologique prodigieuse qui devait rassembler les peuples aux quatre coins de la terre, et rendre l'information disponible à tous, la perversion de cette technologie au nom du profit monétaire et autoritaire a rendu l'information invérifiable et a clivé les individus au sein des peuples. Depuis l'émergence des smartphones et des réseaux sociaux, l'humanité a franchi un cap dans ce domaine. Les intelligences artificielles ont été créées pour analyser les comportements humains afin de pouvoir capter leur attention et vendre les minutes d'attention de votre cerveau à des entreprises à but lucratif. Dans le même but, les médias, qui se voulaient initialement les garants de nos systèmes démocratiques, ont été pervertis par l'appât du gain, et ont créé des buzz et des contenus de plus en plus extrêmes afin de vendre de l'audimat ou des clics sur ces réseaux sociaux. Le fonctionnement des intelligences artificielles est ultra efficace car il apprend de chaque clic de chaque utilisateur et s'adapte à nos comportements. À tel point que ces programmes sont devenus hors de contrôle, même de la part des entreprises qui les ont créés [50]. Ils possèdent une montagne d'informations sur tout le monde et analysent une montagne de données afin de maintenir l'utilisateur sous leur influence, sans qu'il le sache. Ils analysent quelles informations vous consultez, à quelle fréquence, où se portent vos yeux sur l'écran et combien de temps ils s'arrêtent sur telle couleur ou tel motif, etc. Le système est si bien fait qu'il ne peut que rendre son utilisateur addict. Comme la machine à sous d'un casino, il y a toujours une récompense à aller voir sur son téléphone, une notification, un message, un jeu, un commentaire, une photo, un article … Pour garantir une attention continue, les réseaux sociaux et les médias proposent toujours plus de contenus, parfois créés de toute pièce, dans le domaine qui fait réagir l'utilisateur. De cette manière, les croyances de l'utilisateur sont toujours renforcées et il s'opère un lavage de cerveau sur les sujets consultés. Ainsi, la radicalisation et l'extrémisme sont en montée vertigineuse dans tous les domaines, que ce soient les politiques des extrêmes, le fascisme, les idées complotistes, ou des croyances occultes selon lesquelles la terre est plate, ou que sais-je encore.

Pendant que ces systèmes enracinaient leur influence dans nos vies de plus en plus profondément, des personnes peu scrupuleuses ont mesuré l'ampleur de l'enjeu que cela représente : le pouvoir d'influencer l'opinion publique. C'est alors devenu un outil pour assoir une influence, ingérer dans les processus démocratiques ou soutenir des personnalités, des états, des politiques ou des guerres.

Si la vérité n'existe plus, c'est à cause de la guerre de l'information qui se joue. Avec les réseaux sociaux comme outil et les médias pervertis, lobbyisés, instrumentalisés comme l'a été un jour la religion, il est impossible de trier le vrai du faux. Les derniers évènements en date en

---

[50] Les documents révélés aux parlementaires américains et certains médias par Frances Haugen, ex-employée de Facebook, en 2021 montrent que les ingénieurs de l'entreprise n'ont plus totalement la compréhension et le contrôle des algorithmes dont notamment ceux qui attribuent des points aux contenus pour le positionnement sur le fil d'actualité en fonction de critères complexes et qui favorisent les contenus susceptibles d'être lus.

sont une preuve flagrante : élection présidentielles américaines, crise covid et guerre en Ukraine. News, fake news, tweet, ingérence, censure, propagande, tout se mélange. Mais, même s'il n'est plus possible de trier le vrai du faux, les convictions se renforcent et les croyances se polarisent. Prenez par exemple l'affaire du *Lancet gate* lors de la crise covid. Comment se fait-il que le journal médical scientifique le plus réputé en son domaine, sainte bible des publications médicales, puisse émettre un article frauduleusement faux sur une molécule contestée à ce moment afin de faire profiter des entreprises pharmaceutiques ? Cet article a été démontré frauduleux en moins de deux jours, et le Lancet a lui-même admis son irrecevabilité sans qu'il n'y ait jamais d'explication ou de recherche sur cette manipulation. Un médecin lambda ne peut même plus obtenir une information fiable sur la maladie ou un protocole à suivre. Les médias ont, quant à eux, joué un rôle affolant en faisant régner la terreur au quotidien, n'apportant qu'un message unilatéral, empêchant toute discussion, diabolisant les divergents et ne laissant la parole qu'à de rares scientifiques soigneusement sélectionnés et dont les conflits d'intérêt ont apparemment été oubliés. Et que saurez-vous exactement des scrutins des élections présidentielles américaines passées ? Que des convictions finalement. Pourquoi les états européens se donnent maintenant le droit d'exercer une censure sur les médias qu'ils jugent notifs pour l'opinion publique sans aucun support juridique ? Où sont passées la liberté d'expression et nos chères valeurs démocratiques ? N'est-ce pas une méthode que l'on critiquait dans les dictatures chinoises ? C'est pourtant ce qui se passe avec les médias pro-russes depuis le début de la guerre en Ukraine. À nouveau, le credo des médias est la terreur, la propagande de guerre pour diaboliser l'adversaire et justifier les actions prises et à venir, et la menace toujours plus pesante d'une troisième guerre mondiale. En trois ans, il semble que toutes les limites aient été franchies en ce qui concerne la guerre de l'information.

La résultante est la division de la population, la radicalisation, l'extrémisme. La recrudescence de l'extrémisme politique en Europe, et de manière plus large en occident, du fascisme et du populisme, en est une preuve. Sur de nombreux sujets, je me rends compte qu'au sein de mon entourage, qui représente un échantillon de la population ayant la même culture que moi, le même type d'éducation, le même patrimoine, un vécu similaire, il y a des clivages énormes pour lesquels nous n'avons absolument pas la même réalité. Comment se fait-il que nous puissions avoir une vision du monde parfois si différente ? C'est à cause du filtre médiatique, de la perte de vérités et de l'endoctrinement résultant des méthodes de diffusion de l'information.

La seconde résultante est la peur générée, le niveau de stress infligé à la population. Or, la peur est à l'opposé de l'amour et inhibe les capacités de raisonnement et d'épanouissement. Il faut pouvoir se libérer des peurs pour changer nos croyances et créer une autre réalité. Alors, que faites-vous lorsque quelque chose devient nocif pour vous ? Vous vous en débarrassez, non ?

Vous devez donc arrêter de suivre les médias de manière frénétique, et empêcher ces informations de vous parvenir de manière parasitaire à tout bout de champ. Vous devez vous défaire du stress occasionné par les médias et choisir consciemment et scrupuleusement les contenus que vous consultez en gardant un esprit critique. Et vous devez vous libérer de l'emprise de vos smartphones et des réseaux sociaux. Utilisez la technologie de la communication à sa juste fonction, c'est-à-dire mettre les gens en connexion et partager du savoir.

Finalement, il faut cultiver une ouverture d'esprit et la tolérance. La divergence d'opinion n'est pas une raison de s'entredéchirer, on peut également se mettre d'accord pour ne pas être d'accord. Si la vérité n'existe plus, dans certains domaines en tous cas, il est normal d'avoir des points de vue différents. La meilleure manière d'aborder ces différences est la communication non violente, premièrement, avec une écoute attentive de ses interlocuteurs, ensuite un scepticisme ouvert où l'on questionne et raisonne mais en restant ouvert à toutes les possibilités.

REFLEXIONS ET PISTES SUR DES ASPECTS PRATIQUES

HABITAT ET AUTO-CONSTRUCTION

L'habitat est au cœur de la vie humaine. C'est le lieu de réconfort, d'intimité, de sécurité, de rassemblement familial. Il est primordial de se réapproprier un accès digne au logement sans devoir s'endetter jusqu'à l'enchainement monétaire.

D'un point de vue écologique, l'habitat représente un peu plus de 10% des émissions de CO^2 actuellement pour la production énergétique résidentielle en Europe, sans compter le coût carbone de la construction [51]. Pour cela, l'écoconstruction est la réponse adaptée. Au point de vue des matériaux, on optera, si possible, pour des matériaux locaux, le transport de manière générale représentant en Europe 29% des émissions de CO^2. On utilisera des matériaux renouvelables, recyclables, biosourcés et avec un coût carbone raisonnable, dans la mesure du possible. Le béton est à utiliser avec parcimonie. Il faut savoir que le sable utilisé dans le béton est principalement originaire des rivières et son exploitation est un désastre écologique pour la biodiversité des milieux impactés, et n'est pas renouvelable à l'échelle de temps imposée par le rythme de la construction de nos jours. Le ciment utilisé pour le béton requiert également un grand apport énergétique car il doit être élevé à des températures de l'ordre de 1450°C pour sa fabrication.

Dans un souci d'autonomie, l'idéal est d'avoir une habitation autosuffisante pour ce qui est de l'apport énergétique. Si elle peut utiliser des énergies renouvelables produites localement (photovoltaïque, hydroélectrique, thermique solaire, calories du bois, etc.), l'idéal est encore le principe de construction bioclimatique permettant un apport nul, ou presque, au niveau énergétique pour se

---

[51] https://www.statistiques.developpement-durable.gouv.fr/edition-numerique/chiffres-cles-du-climat/7-repartition-sectorielle-des-emissions-de

chauffer (ou climatiser). Une construction bioclimatique [52] se veut suffisamment isolée, et utilise les énergies du soleil et celles, restituées ou absorbées, par géothermie et par les matériaux pour réguler la température de l'habitat. Un bon exemple sont les maisons semi-enterrées ("earthship") [53] qui ont un excellent rendement énergétique et qui ne demandent quasi aucun chauffage ni climatisation tout au long de l'année, même dans des climats avec de forts écarts de températures. Pour la réalisation de ce type de projet, l'adaptation à l'environnement du site est, comme pour la permaculture, un élément très important. Les techniques devront finalement être adaptées à la réalité du terrain, comme lorsqu'on est contraint d'utiliser une structure existante, si vous décidez de rénover ou réhabiliter un vieux bâtiment, par exemple.

Le fait d'avoir un habitat réalisable en auto-construction permet d'en réduire grandement les coûts. Pour cela, les structures bois, les constructions en paille autoportantes ou terre/paille sont idéales en plus de répondre aux critères écologiques. Le bois ou la terre argileuse peuvent éventuellement être trouvés localement. Les enduits et finitions peuvent être réalisés en terre et/ou chaux. La chaux est moins énergivore que le ciment (fabrication entre 900 et 1200°C) et n'est utilisée que pour enduire les surfaces, donc en moins grande quantité. La finition est très esthétique et résiste très bien dans le temps aux intempéries. La combinaison terre/paille offre également un grand confort thermique et hydrométrique dans l'habitation car elle est perspirante et régule naturellement l'humidité. La paille de chanvre, ou des mélanges chanvre/chaux sont également des solutions d'isolation et de structure très intéressantes, pour la rénovation, entre autres. Pour l'isolation simple, la laine de bois, la paille, la paille de chanvre, le liège, etc. répondent aux critères écologiques et de performance. À titre d'exemple, la technique GREB est très couramment utilisée dans les entreprises en écoconstruction : il s'agit d'une double ossature bois qui accueille une isolation de bottes de paille avec un enduit appliqué par coffrage d'un mortier léger à base de chaux, sable et fibre de bois, et une finition par enduit terre ou chaux.

---

[52] https://faisons-le-mur.com/conception-maison-bioclimatique/
[53] https://www.earthshipglobal.com

Afin de faciliter l'auto-construction, la taille de l'habitat peut être réduite. On augmentera la surface utile de l'habitation par des annexes qui serviront pour le rangement, le stockage, la transformation alimentaire, le bricolage, etc. et qui ne requièrent pas d'être chauffées et isolées de la même manière que les pièces de vie. En revanche, un habitat de grande taille peut servir d'habitat groupé, avec plusieurs habitations dans un même bâtiment, et permettra une plus grande rentabilité énergétique et la mise en commun de certains systèmes, comme le chauffage de l'eau sanitaire et la production électrique.

De plus en plus d'entreprises proposent de vous former en auto-construction, et la force de l'entraide et de la communauté est là pour vous aider. La participation à des chantiers participatifs vous aidera à vous aguerrir dans différentes techniques. Ensuite, l'organisation de chantiers participatifs dans votre habitation apportera la main d'œuvre nécessaire pendant que vous partagerez du savoir, avec l'aide d'un professionnel éventuellement. Il faut garder à l'esprit que le coût d'un professionnel peut être bien plus rentable que certaines erreurs que vous pourriez commettre à des moments cruciaux de la construction.

Voici quelques sources pour l'accompagnement et des idées en Belgique et en France :

- https://www.ecobatisseurs.be/fr : s'informer sur l'éco construction en Belgique.
- https://elea-asbl.be/ : Centre de formation en construction durable.
- www.boispailleterre.be : Coopérative immobilière durable et convivial.
- https://www.auto-construct.be/ : Entreprise d'accompagnement en auto-construction bois.
- https://batacc.be/ : ASBL Bâtisseurs accueillants, réseau de chantiers participatifs.
- https://www.parienergie.be : s'informer et se former en technique de rénovation durable.
- https://approche-paille.twiza.org/ : Formation et accompagnement de projets – France.

- https://www.rfcp.fr/ : Réseau français de la construction paille.
- https://fr.twiza.org/ : Réseau d'entraide pour un habitat écologique – France.
- http://www.oxalis-asso.org/ : Réseau d'éco et d'auto-constructeurs, info open-source et formations en tous genres – France.
- https://faisons-le-mur.com/ : Formation en ligne en écoconstruction, recettes enduis et peintures.
- Livre *: La conception bioclimatique*, Samuel Courgey et JP Oliva, Terre vivante, 2006.
- https://www.matinyhouse.com/ : Tiny house en auto-construction.

La construction d'un habitat prend un certain temps, surtout en auto-construction. Un habitat léger, dans un premier temps, est un bon moyen d'investir les lieux, d'y vivre, d'observer l'environnement et la vie sur place tout en commençant certains aménagements (arbres fruitiers, etc.). De là, on peut prendre le temps de choisir la solution d'habitat optimale pour l'endroit, et réaliser les travaux à son rythme, bien que l'habitat léger puisse rester une solution à long terme grâce à sa facilité, son faible coût et son faible impact écologique.

Pour la construction, il y en a pour tous les budgets, tout dépend du temps et de l'énergie que l'on est prêt à y consacrer. L'utilisation de matériaux de récupération venant de chantiers de déconstruction ou autres est un bon moyen de réduire les coûts de construction. Il est possible de réaliser une vraie habitation à partir de 5000€ en faisant tout soi-même et en allant chercher les matériaux naturels sur place ou en utilisant des matériaux de récupération. Une même solution avec des matériaux neufs sera réalisable en auto-construction pour environ 25 à 30 000€. Si cette petite habitation est réalisée par une entreprise, elle vaudra plutôt 30 à 60 000€. (À titre d'exemple, *BeYurt* est une entreprise belge qui propose des yourtes contemporaines écologiques et durables : https://beyurt.be/.)

AUTONOMIE ENERGETIQUE

L'autonomie énergétique est à rechercher au maximum par souci d'écologie et d'autonomie. Le domaine peut être relativement vaste et comprend au moins le chauffage du bâtiment, le chauffage de l'eau sanitaire, le moyen de cuisiner, l'éclairage et l'utilisation d'appareils électriques.

La première et meilleure manière d'arriver à l'autonomie énergétique et de diminuer son emprunte carbone est le ***NégaWatt*** [54]. Il s'agit de diminuer ses besoins en énergies, tout simplement. Les techniques de construction de l'habitat sont évidemment un facteur prépondérant, comme nous l'avons vu, mais il s'agit ensuite du choix de certaines techniques et parfois de changer un petit peu ses habitudes.

Chauffage de l'habitat

Comme évoqué précédemment, une construction bioclimatique diminuera fortement la nécessité d'un apport colorifique dans le foyer, mais ce dernier peut rester nécessaire. De plus, un bâtiment rénové nécessitera forcément un système de chauffage. Donc, outre la géothermie ou la chaleur du soleil, je considère ici une source d'énergie extérieure.

La meilleure solution, à mes yeux, reste le bois, qui est renouvelable, écologique et relativement facile d'accès. Il faut cependant veiller à ne pas nécessiter d'un apport continu de la chaleur d'un feu qui demanderait une grande quantité de ressources. Pour cela, le poêle de masse est une solution optimale pour une habitation de taille modeste, style une maison (maximum 150 à 180 m² à la louche). Il s'agit d'un foyer façonné en briques réfractaires dont la conception permet une récupération des calories des fumées par recirculation pour une combustion à haute température, donc rejetant très peu de particules et d'imbrûlés. Une seule flambée permet d'emmagasiner suffisamment de chaleur dans la matière réfractaire pour que celle-ci la redistribue par

---

[54] https://www.negawatt.org/

rayonnement tout au long d'une journée entière. Le poêle doit donc avoir une place relativement centrale dans l'habitat, mais est très agréable et esthétique, avec une finition, en général, en enduit terre. Il permet d'accueillir éventuellement un four et/ou une cuisinière (les techniques et les plans sont disponibles en open-source) [55]. On pourrait également y coupler un système pour chauffer de l'eau sanitaire, comme le fait un poêle bouilleur.

Un poêle à bois avec un suffisamment bon rendement peut déjà être une solution suffisante pour une petite habitation ou une habitation qui ne demande qu'une chaleur d'appoint. La solution est simple et efficace. J'aurais tendance à éviter l'utilisation de pellet, qui est une matière transformée et dont le prix et la disponibilité varient, entre autres, avec le cours du pétrole, car il est utilisé industriellement et pour faire tourner des centrales électriques.

La nouvelle source de chauffage en vogue est la pompe à chaleur, tirant son énergie calorifique dans l'air extérieur. Ces pompes à chaleur proposent de bons rendements mais demandent un apport électrique continu, ce qui nécessite une installation électrique en conséquence.

Un système Low-Tech [56] qui peut être utilisé comme appoint, est le capteur solaire à air de Guy Isabel, qui consiste à capter la chaleur du soleil par un matériau noir dans un châssis, derrière une vitre. L'air dans ce châssis est chauffé par effet de serre et peut être injecté dans l'habitat par convection naturelle ou à l'aide d'un circulateur.

Eau chaude sanitaire

Pour ce qui est de l'eau chaude sanitaire, le système principal le plus économe est le panneau solaire thermique. Les panneaux solaires thermiques sont efficaces car ils ont un rendement bien supérieur aux panneaux photovoltaïques. Alors que ces derniers ne convertissent que maximum 25% de l'énergie solaire reçue, les panneaux thermiques en convertissent facilement 80%, donc pas besoin de grandes journées

---

[55] http://www.oxalis-asso.org/?page_id=3573
[56] https://lowtechlab.org/fr/la-low-tech

ensoleillées pour faire le travail. Avec quelques panneaux, un ballon tampon peut être relativement facilement maintenu à une température de 30 à 40°C en journée. Un système d'appoint électrique peut alors être utilisé pour obtenir la chaleur requise (environ 50-55°C). Le problème d'une installation solaire thermique est son coût assez élevé. Heureusement, le DIY est ici encore la solution, car il n'est pas trop compliqué de réaliser soi-même un panneau solaire thermique [57].

Un poêle bouilleur est également un bon système de chauffe ou système d'appoint. C'est un poêle à bois qui utilise la chaleur du foyer pour chauffer de l'eau dans un réservoir du poêle ou un ballon tampon. Très pratique en hiver, car remplissant la fonction de chauffage pour l'habitat et pour l'eau sanitaire, il l'est moins en été s'il faut faire du feu pour avoir de l'eau chaude, alors qu'on veut éviter de chauffer l'intérieur.

Consommation électrique

Dans un souci d'écologie, d'autonomie et de résilience, il est indispensable de se réapproprier une souveraineté énergétique et de relocaliser les productions d'électricité. L'actualité géopolitique nous le rappelle avec une envolée historique des prix de 30 à 40%. Le début de la crise énergético-économique est peut-être lancé et met en danger nos modes de fonctionnement... Le point positif est que cela obligera les états et les grandes entreprises à repenser notre système énergétique. D'ici là, mieux vaut être autonome pour ce qui est de la consommation domestique.

Ce qu'il faut rechercher, c'est bien d'être autosuffisant, et pas forcément "off grid" (déconnecté du réseau). Si votre implantation est déjà reliée au réseau, il me semble judicieux de garder cette capacité car, *in fine*, ce réseau est un moyen de partage, et ce partage des productions et des stockages d'électricité individuels est sans doute une des solutions à long terme et à grande échelle pour une autonomie énergétique globale,

---

[57] https://www.sunberry.fr/ ou
https://wiki.lowtechlab.org/wiki/Chauffe_eau_solaire

rendant capable de subvenir aux besoins industriels et autres services. Être connecté au réseau permet également de développer une activité économique qui demande un plus grand apport énergétique, si besoin. Lorsque la situation fait que l'on est hors réseau, il va de soi que le but est de pouvoir vivre sans apport extérieur.

La diversification des moyens énergétiques écologiques et renouvelables semble la meilleure solution à l'heure actuelle. Sans vouloir rentrer dans le débat du choix des sources d'énergie à faire à grande échelle, celles qui sont disponibles et facilement exploitables localement sont évidemment le soleil, le vent et la force hydraulique.

Les panneaux photovoltaïques sont la première solution à laquelle on pense, car facile et abordable (jusqu'ici). Il faut toutefois reconnaitre qu'ils représentent un problème en matière de coût écologique et humain, dû à la rareté des matériaux utilisés et à la difficulté que l'on a, à l'heure actuelle, à les recycler après une durée de vie limitée. Ils restent cependant, une bonne solution à moyen terme, par rapport à une production basée sur les hydrocarbures, en misant sur les développements technologiques à venir et la création d'un marché propice à une production durable et un recyclage des matières premières. Un désavantage bien connu de la production photovoltaïque est la variation entre le jour et la nuit (qui peut être compensée par le stockage avec des batteries) mais également la variation entre l'été et l'hiver (où il n'est pas possible de compenser avec ces batteries).

L'éolien peut également être une source d'énergie renouvelable mais n'est, en général, abordable que pour une mise en commun de plusieurs habitations, étant donné la taille et le coût d'installation. Il existe cependant les ressources nécessaires sur le web pour être capable de fabriquer son éolienne en DIY, et des entreprises proposent des formations et de l'accompagnement dans ce domaine. Le problème des plus petites installations, moins onéreuses, est qu'elles sont généralement aléatoirement efficaces car proches du sol et sujettes à des variations plus importantes du vent. Il faut alors opter pour des modèles plus hauts, qui impliquent une installation plus compliquée et onéreuse. Cette solution est plus facilement envisageable si elle peut être partagée par plusieurs foyers en habitats groupés. En fonction de la situation topographique de l'endroit, une éolienne domestique pourrait cependant faire partie de la solution qui se voudra, de toute façon, être une solution diversifiée.

L'hydroélectrique est une source idéale pour la production électrique pour peu qu'on puisse profiter d'un cours d'eau d'une taille raisonnable à proximité. C'est la solution la plus durable et écologique, tant que l'eau y coulera, bien entendu. L'installation est abordable et il existe, de nouveau, des ressources DIY en open-source. La production hydroélectrique a l'avantage de ne pas varier (comme le vent et la lumière du jour) mais varie quand même au cours de l'année. Il y aura moins de production pendant la saison chaude, plus sèche, donc avec moins de débit dans les cours d'eau, que pendant les saisons pluvieuses. Cette solution devra donc être renforcée par des panneaux photovoltaïques, par exemple, qui peuvent compenser la production en été, lorsqu'il y a plus de soleil.

Le dimensionnement du système de production électrique doit être correctement pensé par rapports aux besoins. Il faut donc pouvoir anticiper la puissance requise de l'installation. Les éléments les plus énergivores dans un habitat sont en général : le chauffage électrique (chauffe-eau, etc.), les pompes et circulateurs, et les gros appareils électroménagers telles que des taques électriques, un frigo ou un congélateur. Pour le chauffe-eau, nous avons déjà vu la solution, l'électrique pouvant servir d'appoint en journée. Pour le frigo et le congélateur, il existe heureusement des appareils très efficients qui consomment très peu. On peut également en réduire la taille nécessaire, et donc la puissance, en utilisant des systèmes Low-Tech pour le garde-manger [58], puit froid, etc., ainsi qu'en faisant des conserves en bocaux pour conserver la nourriture à plus long terme. C'est donc souvent l'utilisation de pratiques ancestrales et des techniques Low-Tech qui permet, à ce niveau, une diminution des besoins en électricité.

---

[58] https://wiki.lowtechlab.org/wiki/Garde-Manger

Le poêle à bois avec cuisinière est évidemment une solution sympa, facile et écologique. Mais si on désire avoir un système un peu plus Hi-Tech et rapide à l'utilisation, le biogaz obtenu par méthanisation de vos matières à composter, tel que le contenu des toilettes sèches, est une solution tout à fait envisageable.

La production de biogaz a ses avantages et ses inconvénients, mais représente un vrai potentiel. Les avantages sont le traitement des déchets organiques (même peu nobles), et la production d'une énergie stockable et d'un digestat fertilisant riche en azote pour le potager ou le maraichage. Les inconvénients sont qu'à une échelle domestique, la quantité de production est limitée, la mise en œuvre représente une certaine technicité et cela demande un certain entretien. Finalement, il est à noter que le digestat peut être polluant pour l'eau souterraine, si utilisé en trop grande quantité (max $5l/m^2/an$ de sol), et pour l'effet de serre si oxydé à l'air libre (formation de protoxyde d'azote N_2O, gaz à effet de serre 300 fois plus nocif que le CO_2). Cela demande donc un peu d'attention quant à la mise en œuvre de l'installation, et le digestat devra, quant à lui, être appliqué directement dans le sol, dans des sillons, et non par pulvérisation pour éviter son oxydation. Un digesteur DIY digérant le compost d'une famille de quatre personnes peut produire pour 1h30 à 2h de cuisson sur une cuisinière à gaz par jour. Il sera sans doute judicieux de se faire accompagner pour le dimensionnement et la réalisation de votre système de production de biogaz domestique : www.picojoule.org

L'EAU

L'eau, c'est la vie ! L'eau c'est fort, ça porte les bateaux… Ou alors l'eau c'est bien dans les glaçons pour l'apéro… Quelle que soit votre position, un approvisionnement en eau est essentiel pour l'autonomie. Une source ou un puit foré dans une nappe aquifère est évidement l'idéal, l'eau peut alors être directement potable. Sinon, l'eau de pluie est une solution assez facile, en tous cas en Belgique, pourvu qu'on puisse enterrer une citerne suffisamment grande. Un système de purification d'eau performant garantira la potabilité de l'eau.

Il va de soi que l'eau potable est une ressource précieuse et qu'on ne la salit pas pour rien (genre, passez-moi l'expression, mais on ne chie pas dedans !). On veillera à utiliser des produits détergents respectueux de l'environnement, et on traitera les eaux grises par phytoépuration pour les rendre assimilables par l'environnement, et pourquoi pas dans une zone de culture. Finalement, on évitera de produire des eaux noires par l'utilisation de toilettes sèches, car toute eau salie (même si c'est de l'eau de pluie et que vous vous dites que ça n'est pas grave) devra être traitée au risque de polluer les cours d'eaux (qui sont probablement les sources de l'eau que vous buvez en ville).

L'eau pour la culture peut être récupérée par de simples cuves externes proches du potager, mais on veillera à limiter le besoin d'apport en eau par des techniques permacoles telles que la couverture permanente des sols.

DESIGN PERMACULTUREL

Le concept de design permaculturel est d'observer l'environnement pour comprendre les écosystèmes présents, et s'y intégrer en profitant de ce qui fonctionne naturellement, tout en prenant respectueusement part à l'équilibre de ceux-ci, ainsi que d'apporter de nouveaux écosystèmes qui peuvent s'implanter afin de les mettre à notre avantage. La permaculture est donc simple et complexe à la fois : simple car il suffit d'observer et de profiter de ce qui fonctionne ; compliqué parce qu'on peut créer des liens multiples et complexes qui requièrent un agencement ingénieusement réfléchi.

Sans vouloir expliquer ici comment faire un design permaculturel, ce qui est l'objet d'un ouvrage entier, il me semble opportun de répéter l'importance de l'observation. Avant toute implantation de l'habitat et de ce qui va autour, du potager au poulailler, il est important d'observer quelles sont les ressources, les avantages, les inconvénients, et de construire ses plans et choisir ses techniques en fonction de ceux-ci.

AUTONOMIE ALIMENTAIRE

La mondialisation et l'industrie agro-alimentaire à rentabilité maximale en monocultures ont rendu notre société extrêmement peu résiliente d'un point de vue alimentaire. Il est impératif de recentraliser la production alimentaire localement afin de garantir une souveraineté nécessaire.

Si nous ne pouvons pas changer la politique agricole mondiale ou européenne, nous pouvons obtenir une autonomie alimentaire en produisant et en consommant localement. Cultiver chez soi est un très bon moyen de recentraliser la production alimentaire et d'augmenter son autonomie autant que son bien-être. Cependant, l'autarcie alimentaire à petite échelle est utopique, et tout le monde n'a pas la possibilité ou l'envie de cultiver en masse sur son terrain. Encore une fois, la force d'entraide d'une communauté est une des clés d'une certaine autonomie, et permet d'obtenir une production significative des besoins alimentaires en partageant le labeur et le fuit des récoltes. Ensuite, la consommation de produits locaux et l'utilisation de monnaies locales favorisant les acteurs locaux sont une manière de choisir et de voter pour eux plutôt que pour l'industrie agro-alimentaire peu scrupuleuse.

Finalement, la consommation de viande doit être drastiquement réduite afin que les surfaces cultivables puissent être utilisées pour nourrir les êtres humains plutôt que le bétail. En Wallonie, 56% des surfaces agricoles utilisées sont destinées à la production animale [59]. C'est sans parler des demandes en eau et de la pollution que cela génère. Au niveau mondial, c'est 70 à 78% des surfaces agricoles qui sont

---

[59] https://etat-agriculture.wallonie.be/contents/indicatorsheets/EAW2.html

utilisées, directement ou indirectement, pour l'élevage de bétail [60]. Cette pression agricole engendre 80% de la déforestation annuelle de la forêt Amazonienne et 14% de la déforestation mondiale [61]. Tout ça alors que l'entièreté des acides aminés dont nous avons besoins sont produits initialement par les plantes. Les protéines animales ne sont qu'un assemblage de ces acides aminés, ce que notre métabolisme est capable de faire. Sans vouloir, à nouveau, rentrer dans un grand débat scientifique sur les besoins alimentaires où les deux vérités existent, il nous est totalement possible de réduire drastiquement la consommation de chair animale.

SE REAPPROPRIER LES SAVOIR-FAIRE

Notre société technologique a le mérite de nous avoir apporté un grand confort de vie. Le revers de la médaille est que tous ces objets et ces pratiques sont devenus si complexes que plus personne ne maîtrise l'entièreté des processus. Il y a de plus en plus d'experts spécialisés dans des domaines très précis et restreints, et plus personne ayant une maîtrise globale, un savoir-faire général. Cela est un problème lorsque le système devient fragile et instable comme il l'est à l'heure actuelle. S'il y a un collapse de notre système, que ce soit économique ou énergétique, ou peut-être même social, et que la machine se grippe, l'approvisionnement de nos besoins sera anéanti en à peine deux semaines, car notre système fonctionne en flux tendu et requiert une logistique importante. Il est donc intéressant, à mes yeux, de se demander quels sont les besoins que nous ne pourrons pas remplir par notre propre maîtrise. Ceci est une vraie question car nous savons que notre système est à bout de souffle. C'est comme si nous étions assis dans un train lancé à pleine vitesse sans chauffeur. Il s'agit donc de se préparer à ce qu'il y aura après l'impact.

---

[60] https://blog.mondediplo.net/2012-06-21-Quand-l-industrie-de-la-viande-devore-la-planete
[61] Le Point, magazine, « L'élevage : principale cause de la déforestation en Amazonie brésilienne », 2018.

Se préparer ne veut pas dire vivre dans la peur de l'effondrement et du chaos. Lorsque vous prenez une assurance incendie pour votre maison, vous ne vivez pas au jour le jour comme si votre maison brûlait, mais vous vous assurez d'un avenir si cela devait se produire. Se réapproprier les savoir-faire, c'est augmenter sa résilience en plus de la satisfaction de pouvoir créer. C'est également un moyen de choisir sa manière de consommer sans devoir subventionner des entreprises sans éthique ni scrupule. Recentraliser les savoir-faire, c'est aussi promouvoir les artisans locaux et l'émergence du développement local. Après la mouvance de nos savoir-faire à l'étranger suite à la mondialisation des dernières décennies, les États se rendent maintenant compte de l'importance de se réapproprier nos savoir-faire au risque d'une dépendance assujétissante à d'autres États. Encore une fois, l'actualité nous le prouve aujourd'hui. Il s'agit donc de recentraliser et de regagner notre souveraineté alimentaire et énergétique, comme déjà discuté, mais également de toutes les techniques, les métiers et les besoins qui nous sont indispensables. De manière concrète, outre promouvoir les activités locales et développer des capacités techniques, c'est aussi réapprendre les gestes du quotidien qui permettaient à nos aïeuls de vivre en maîtrisant l'entièreté des processus et des transformations. Ici encore, la force du communautarisme est un atout majeur afin de pouvoir partager ces compétences et ces savoir-faire. Du travail du bois à celui du métal, en passant par la construction, la mécanique, le maraichage, la production et transformation alimentaire, le travail du textile, l'élaboration des produits ménagers et cosmétiques, la maîtrise des plantes et de la médecine douce, et encore bien d'autres savoirs que j'oublie ici, il y a du travail pour réacquérir tout notre savoir vivre.

Ne vous méprenez pas, il ne s'agit pas de devoir vivre comme le faisaient nos arrière-grands-parents, bien que l'écologie veuille que nous appliquions une sobriété volontaire face à la frénésie matérialiste qui tarit les ressources de notre planète. La technologie est une des forces de l'être humain qui lui a permis d'augmenter la qualité et l'espérance de vie. Il faut juste que nous utilisions cette technologie au service des êtres humains et de la Terre, et non pas à celui du capitalisme. Et pour cela, nous avons également besoin de pouvoir nous réapproprier ces technologies et ces savoir-faire qui sont basés principalement sur l'informatique et l'électronique. Qui, de nos jours, peut se vanter de maîtriser cette technologie et ne pas en être entièrement dépendant ?

UTILISATION DE LA TECHNOLOGIE

Oui, la technologie est une force de l'être humain, et il devrait apprendre à l'utiliser à son avantage, en y mettant tout l'investissement nécessaire aux développements technologiques qui nous permettront de bien vivre tout en préservant notre planète, ce qui n'est pas encore gagné. Mais il ne faut pas se leurrer, la technologie n'apportera pas de solution capable d'arrêter le désastre écologique actuel. Il n'y a pas de solution technique à cela, car le problème n'est pas technique. C'est un problème de valeurs, de ce que la société veut et tend à créer (actuellement : la destruction de la vie pour maintenir l'inertie de l'illusion matérialiste). C'est pour cela que la *révolution sociétale* est indispensable pour apprendre à imaginer, rêver et créer une société meilleure. Mais ça n'est pas pour autant que nous devons renier la technologie et son potentiel, que du contraire.

À l'échelle domestique, la technologie améliore notre qualité de vie et il est malin d'en profiter si cela permet de libérer du temps et de l'énergie pour des activités d'épanouissement, pour autant que cette technologie respecte l'être humain et la nature. Dans un souci d'autonomie et de résilience, il serait judicieux de se réapproprier également les techniques et connaissances en électronique. C'est évidemment un domaine que tout le monde ne peut aborder aisément et qui reste forcément spécialisé, bien qu'une approche simplifiée soit possible grâce à l'émergence de systèmes en open-source, organisés en modules standardisés, et avec un langage de programmation accessible qui permet de développer soi-même ses applications domestiques. Des plateformes comme *Arduino* [62] ou *NodeMcu* [63] offrent la possibilité de

---

[62] https://www.arduino.cc
[63] https://www.nodemcu.com/index_en.html

créer une multitude d'applications, connectées ou non, grâce au partage en open-source de plans, d'outils, de logiciels, de librairies, etc.

Les applications de ce genre d'outils peuvent être multiples pour se faciliter la vie, être plus autonome et plus écologique. La production alimentaire, par exemple, représente en général un investissement en temps conséquent, et peut être facilité par l'automatisation. La maîtrise des technologies nécessaires à la réalisation et la mise en œuvre de systèmes exploitant les énergies renouvelables, un parc de panneaux solaires couplé à un système d'appoint ou un système de chauffage, par exemple, peut également requérir ce genre de compétence. La réalisation et la mise en œuvre d'un système intelligent de production domestique de biogaz également.

La capacité à réparer et recycler des appareils électroniques est un domaine dans lequel il y a, et aura, un énorme potentiel, surtout si l'approvisionnement vient à manquer (on constate déjà la pénurie de composants électroniques suite à la crise des matières premières). C'est un créneau pour se former et éventuellement se spécialiser afin d'en faire profiter une économie locale.

Mais, si le Hi-Tech est plus difficilement accessible pour un profane, le Low-Tech [64] a également un potentiel énorme car souvent moins complexe, plus résilient, utilisant si possible des matériaux de récupération et dans une démarche DIY, donc moins chère. Ce sont parfois de simples techniques ancestrales revues au goût du jour pour diminuer nos besoins énergétiques et notre dépendance au système industriel. Le nombre de ressources disponibles sur le web en open-source pour du DIY est phénoménal et couvre presque tous les domaines. Ceci est dû à un changement de mentalité et la prise de conscience de la nécessité que le plus grand nombre de personnes fonctionne de manière autonome et moins polluante.

---

[64] https://wiki.lowtechlab.org/wiki/Group:Low-tech_Lab

ECONOMIE DU RECYCLÉ

Le modèle économique des entreprises de demain doit intégrer le cycle complet des matières premières à leurs business plans. Du début à leur fin de vie, les produits doivent être pensés pour une rationalisation des ressources et une limitation de l'impact écologiquement négatif. Obliger les gens à acheter des voitures neuves sous prétexte de faire diminuer les émissions polluantes est l'aberration la plus totale (bien que je sois d'accord que l'accumulation de particules fines en milieu urbain est un vrai problème). Une société qui construit des voitures devra avoir la charge du recyclage de celles-ci, et mettre cela à profit par la réutilisation et la revalorisation de tous les composants. Cela demande évidement de repenser les modèles de conceptions pour passer d'un modèle d'obsolescence programmée à un modèle de cycle fermé.

Dans notre modèle actuel et pendant la transition vers une industrie responsable, le business du recyclage est autant une nécessité qu'une opportunité. La seconde main, la réutilisation, la récupération, la transformation de nos déchets, doivent faire partie de l'économie locale. Plus qu'une pratique au quotidien, il faut développer cela à un niveau économique, même industriel, ce qui va permettre la gestion d'une partie des déchets, la rentabilisation de ceux-ci et la diminution des besoins d'entrants.

Un bon exemple d'initiative et d'entreprenariat écologique est *Precious Plastic* [65], une idée d'un Hollandais qui a développé un business de recyclage de plastique, et qui propose maintenant en open-source tout ce dont vous avez besoin pour également lancer votre propre commerce. Des plans des machines au business plan, en passant par l'analyse de marché et des plans d'actions, tout vous est offert. Son idée est de promouvoir cette activité et de pouvoir, à terme, créer un réseau d'activités autour du recyclage et de la revalorisation du plastique en établissant une dynamique circulaire. Cette initiative est d'autant plus belle, à mes yeux, que cette activité économique, qui permettra de « faire bouillir la marmite », est inclue dans une démarche de création

---

[65] http://preciousplastic.com/

d'une communauté autonome au Portugal. Vous pouvez vous en inspirer sur https://projectkamp.com/.

Des recycleries et des ateliers partagés dédiés au DIY et à la réparation sont également des business indispensables et qui profitent à tout le monde.

Finalement, comme dit plus haut, le recyclage et la revalorisation des appareils et composants électroniques doivent se développer.

SE METTRE EN RESEAU

Si on veut pouvoir recréer l'économie de valeurs qui permet de faire des investissements dans des marchés et des activités qui profitent aux hommes et à la Terre, il faut d'une manière ou d'une autre mettre en contact tous les acteurs du changement qui œuvrent déjà au travers de nos régions, nos pays, et au-delà. Le nombre d'initiatives, d'écovillages, d'écohameaux, d'associations, de coopératives, d'oasis, de communautés, d'habitats groupés, de militants et de personnes qui aspirent à ce genre de vie est extraordinaire et est en plein boum ! Isolé, englué dans le système capitalisme, l'esclavagisme des temps modernes, on ne peut voir la lueur d'espoir. C'est pourquoi il faut se regrouper et se mettre en contact, créer des communautés et mettre celles-ci en réseau.

La communauté est votre sécurité sociale, un noyau, une famille élargie qui partage, s'entraide et vit. L'éloignement géographique ne facilite pas ces échanges, au sens large. Le fait de vivre les choses ensemble, partager des rites et communiquer, est le ciment de la cohésion dont une communauté a besoin. D'où l'importance de trouver des lieux d'implantation des habitats proches les uns des autres, au sein d'une communauté.

La mise en réseau des communautés est ce qui permet de regagner l'autonomie sur le système actuel, faire circuler la monnaie, les savoirs et les biens au profit des valeurs. Comme l'autonomie est à construire de manière locale, il faut pouvoir implanter les communautés proches de celles qui existent déjà et agrandir le réseau.

Elargir le réseau, c'est finalement promouvoir la *révolution sociétale* vers un monde plus juste. Assimiler et vivre ce changement, les valeurs, un style de vie, c'est militer activement et pacifiquement pour la révolution qui doit se faire. Donc, appliquez, discutez, partagez, faites savoir autour de vous que le changement est déjà en marche et n'est pas juste une option.

Acheter une voiture électrique et manger bio ne suffira pas !

Créez des liens, des activités, des entreprises responsables, des projets qui participent et militent pour ce changement. La satisfaction et le bien-être en découleront.

Voici quelques pistes si vous cherchez à vous mettre en communauté ou en réseau :

- https://desobeissancefertile.com/carte/ : Recherche de terrains et projets
- https://cooperative-oasis.org/decouvrir/les-oasis/ : Coopérative Oasis du Colibri.
- https://ecovillage.org/projects/ : Global Ecovillage Network.
- https://www.habitat-groupe.be/ : Habitats groupés à Bruxelles et en Wallonie.
- Groupe Facebook : Habitat hors normes – Belgique ; (groupe privé).

PRENDRE LE TEMPS

Beaucoup de changements en perspective ! Mais Rome ne s'est pas créée en un jour. Étape par étape, c'est le cheminement naturel. Pas la peine de paniquer devant la masse des choses à accomplir, petit pas par petit pas, une chose à la fois, « un pied devant l'autre et on recommence ». Le plus long des voyages a toujours débuté par un seul et premier pas.

Les grandes choses sont faites de petites, et même le plus grand et le plus somptueux des chênes a un jour été un gland. Ne soyons donc pas gênés si nous ne sommes encore que des glands... par contre, il faut agir maintenant !

SE REAPPROPRIER DES TERRIROIRES

S'implanter en dehors de la légalité sur des terrains hors zone d'habitat peut faire peur et représente un risque pour la longévité d'un projet. Mais si vous êtes prêt à défendre votre droit de vivre de manière plus juste dans le respect de la nature et du territoire, à vous mettre en communauté et collectifs, et à mobiliser l'opinion publique en créant des ZAD (zone à défendre), alors vous aiderez la loi universelle du juste et du vivant à prévaloir sur les lois écocides des hommes avilissants. Bien sûr, cette voie n'est pas la voie de tous, et la confrontation est un chemin épuisant, jonché d'embûches. Chacun trouvera la manière d'agir qui lui semble appropriée.

Il existe également une autre manière pour se réapproprier des territoires :

Pour sauver les forêts et les zones boisées, sources de biodiversité et qui nous aident à respirer, il est possible d'en acheter, même par quelques mètres carrés... Ceci est à méditer...

Merci de m'avoir écouté.

ANNEXES

Charte d'utilisation et de bonnes pratiques pour le prêt d'un terrain à entretenir et agradrer.

Les preneurs s'engagent à conserver et entretenir les Biens prêtés raisonnablement et dans le respect de la présente charte :

Article 1 - Utilisation :

Le(s) terrain(s) est(sont) mis à disposition en vue de régénérer les espaces pour permettre l'émergence et la pérennisation d'une biodiversité végétale et animale, de constituer des écosystèmes durables en y intégrant un habitat respectueux et durable. Les projets mis en place par le ou les preneurs s'articulent autour de la recherche d'une intégration harmonieuse dans le milieu naturel et d'une résilience, notamment alimentaire et énergétique. L'utilisation du lieu doit privilégier l'autonomie, entre autres alimentaire et énergétique, mais sous toutes ses formes, afin de réduire au maximum l'empreinte écologique des habitants. Aussi, le prêteur encourage les preneurs à aménager le terrain de façon à en optimiser les ressources et les écosystèmes vivants selon les principes de la permaculture, sachant que « la permaculture est une démarche de conception éthique visant à construire des habitats humains durables en imitant le fonctionnement de la nature ».

Article 2 - Gouvernance partagée :

Le terrain est géré collectivement dans un système de gouvernance partagée juste et équitable, basé sur les valeurs primordiales :

- Le libre arbitre, la liberté de croire, de penser, de s'exprimer.
- Le droit à l'épanouissement et la recherche de celui-ci.
- Le respect de l'épanouissement d'autrui.
- Le respect de l'intérêt commun.
- Le partage et la charité.
- Être juste envers chacun.
- L'honnêteté, le respect, la franchise, la sincérité.
- Avoir une écoute attentive.

> - Cultiver l'amour et bannir la haine.

Article 3 - Écologie :

Les habitants s'engagent activement à préserver la biodiversité, notamment par l'interdiction de pesticides et de produits nocifs pour l'environnement, à organiser une gestion de l'eau la rendant assimilable par l'environnement, et à minimiser leur empreinte écologique de manière générale. Ils reconnaissent la déclaration universelle des droits de la Terre Mère.

Article 4 - Harmonie :

L'installation et l'usage des lieux favorisent une expression créative et artistique des constructions et autres « designs » réalisés pour faire de ces lieux des œuvres d'art permanentes et inspirer d'autres lieux. L'habitat s'intègre harmonieusement dans le paysage et privilégie l'utilisation de matériaux naturels et locaux.

Article 5 - Réversibilité :

Les installations ne dénaturent pas les lieux et peuvent être facilement réversibles, du fait de leur conception et des matériaux utilisés, afin que les lieux puissent facilement retrouver leur état naturel d'origine.

Article 6 - Accessibilité économique :

Les personnes aux ressources financières limitées, notamment celles qui ne disposent pas de capital ou ont de faibles revenus, doivent pouvoir s'installer sur le lieu.

Article 7 - Accessibilité pour les prêteurs :

Les habitants du lieu s'engagent à accueillir le prêteur et sa famille afin de leur permettre de vivre et disposer des mêmes droits que les autres habitants du lieu.

Article 8 – Ouverture :

Le lieu ne pratique aucune discrimination raciale, religieuse ou sexuelle, et ses habitants s'engagent à accueillir régulièrement des personnes curieuses ou intéressées par la vie collective et à partager leur expérience.

Article 9 - Ancrage :

Chaque projet vise à s'intégrer du mieux possible au sein du territoire qui l'accueille, notamment par une participation active à la vie locale à travers la proposition d'activités culturelles, sociales, éducatives et associatives dont pourra bénéficier le voisinage.

Article 10 - Réseau :

Chaque projet contribue activement à se mettre en réseau avec des acteurs locaux qui participent à la *révolution sociétale,* qui vise l'émergence d'un mode de vie et d'une économie de valeurs, pour le bien-être des êtres vivants et de la nature qui les abrite. Il participe à promouvoir l'émergence de nouveaux lieux, et le développement de lieux existants, par des échanges de produits et de services.

Charte des valeurs primordiales

Ce système de *valeurs primordiales* constitue le socle sur lequel se fonde la communauté :

- Le libre arbitre, la liberté de croire, de penser, de s'exprimer.
- Le droit à l'épanouissement et la recherche de celui-ci.
- Le respect de l'épanouissement d'autrui.
- Le respect de l'intérêt commun.
- Le partage et la charité.
- Être juste envers chacun.
- L'honnêteté, le respect, la franchise, la sincérité.
- Avoir une écoute attentive.
- Cultiver l'amour et bannir la haine.

> Le libre abrite, la liberté de croire, de penser et de s'exprimer sont en lien avec notre droit naturel d'Être.

- Tous les êtres humains naissent libres et égaux en dignité et en droits. Ils sont doués de raison et de conscience, et doivent agir les uns envers les autres dans un esprit de fraternité.
- Chacun peut se prévaloir de tous les droits et de toutes les libertés proclamées dans la présente Déclaration, sans distinction aucune, notamment de race, de couleur, de sexe, de langue, de religion, d'opinion politique ou de toute autre opinion, d'origine nationale ou sociale, de fortune, de naissance ou de toute autre situation.

- Tout individu a droit à la vie, à la liberté et à la sûreté de sa personne.
- Nul ne sera tenu en esclavage ni en servitude ; l'esclavage et la traite des esclaves sont interdits sous toutes leurs formes.
- Nul ne sera soumis à la torture, ni à des peines ou traitements cruels, inhumains ou dégradants.

> Le droit et la recherche d'épanouissement impliquent, d'une part, le droit naturel prémentionné, et, d'autre part, le fait qu'un individu doit s'appliquer, comme mission de vie, à parvenir à un épanouissement, dans le sens d'évolution de son Être. Toute âme qui cherche l'évolution s'attardera naturellement à respecter ces *valeurs primordiales*.

> Le respect de l'épanouissement d'autrui et de l'intérêt commun apporte la notion de collectivité. De l'Être personnifié et de ses droits, nous passons à la relation entre les Êtres. Car si un Être est libre, sa liberté s'arrête là où la liberté d'un autre commence. La notion de liberté devient dans ce cas subjective. La subjectivité est la nature même de notre conscience incarnée, individualisée, car le filtre de perceptions est quelque chose d'intérieur, de personnel. Le respect d'autrui est l'acceptation que nous sommes tous égaux par nature, que nous avons la même origine et que nous sommes une parcelle d'un grand tout unifié. C'est la notion de fraternité métaphysique, la conscience étant un fragment du prisme de la conscience universelle, une interprétation d'un tout. Le respect, c'est finalement de l'empathie, s'identifier à l'autre et mesurer les sentiments qu'on éprouverait dans sa situation.

> Le respect de l'intérêt commun, lui, est une notion collective encore un peu plus large. C'est le respect de ce qui profite à la majorité, même si cela ne nous profite pas forcément. C'est une position d'humilité et d'altruisme face au groupe que l'on reconnait et dont on fait partie.

➢ Le partage et la charité, c'est l'amour de son prochain. Parce que, pour pouvoir s'aimer, il faut pouvoir aimer les autres, et aimer les autres, c'est s'aimer soi. L'opposé de l'amour est la peur. La haine est la peur de ne pas être aimé. Le partage, c'est de l'amour pur, le détachement de la peur du manque et l'amour d'une part de vous, car l'autre est comme vous, une part du tout. Et le détachement de la peur du manque est une des clés essentielles pour pouvoir se détacher de la société monétaire et permettre le passage à une société humaniste plus juste. Finalement, la charité, c'est du partage sans rien attendre en retour. C'est un don pur. C'est s'occuper de son prochain comme on le fait avec l'amour qu'on peut avoir pour son enfant ou ses parents. Lorsque vous savez qu'il y aura toujours quelqu'un pour vous accueillir et vous tendre la main le long du chemin, il n'y a plus à craindre de manquer, ou d'obligation d'accumuler à outrance.

➢ Être juste envers chacun. La notion de juste peut prêter à confusion. Le juste doit être défini par la raison, c'est-à-dire par un raisonnement empathique tel que « ne fais pas à autrui ce que tu ne souhaites pas que l'on te fasse », ou mieux, « fais à autrui ce que tu aimerais que l'on te fasse ». Voici ce à quoi devrait ressembler la base de la justice.

➢ L'Honnêteté, le respect, la franchise, la sincérité, sont les valeurs primordiales dans les relations humaines. C'est une éthique de vie que chacun doit être d'accord d'adopter.

➢ Avoir une écoute attentive est également un aspect fondamental dans les relations humaines. Toute communication requiert d'ouvrir son esprit au point de vue de son interlocuteur. Ensemble avec l'honnêteté, le respect, la franchise et la sincérité, ce sont les outils essentiels pour une communication non violente et constructive, ce qui permet l'échange d'opinions et l'élaboration de consensus.

> ➤ Cultiver l'amour et bannir la haine doivent être la base de toute réflexion vers ce qui est juste et bon. C'est la réponse à tout principe n'étant pas couvert pas les autres valeurs primordiales.

Ces valeurs sont profondément humanistes, mais il ne faut pas se cantonner à l'être humain, qui fait partie de l'équilibre d'un grand tout créé par notre Terre Mère. Pour vivre en harmonie, l'être humain doit reconnaître les droits de la Terre Mère tels que les droits humains, et la traiter avec le plus profond respect. La Terre Mère représente l'entièreté du monde végétal, minéral et animal, dont l'être humain fait partie. Nous reconnaissons **la Déclaration universelle des droits de la Terre Mère**, rédigée en 2010 à l'initiative des peuples amérindiens durant la Conférence mondiale des peuples contre le changement climatique.